·BACO STREET CHOCOLATE CAKE·

首席主廚親授

貝克街私廚甜點課

◆ 在家烤出精品蛋糕 ◆

貝克街——著

suncolor
三采文化

嚐過就愛上的甜點，一學就會的食譜，這是貝克街一路以來不變的堅持！

自從貝克街在線上教甜點課之後，陸續有出版社找上門，希望可以合作出書，但最後都無疾而終。最大問題和我們的教學特色有關——貝克街的特色，是每個步驟都非常詳細，讓學生學會。

我在剛開始學甜點的時候，看過非常多的教學，可是大部分的教學課程都會漏掉關鍵步驟，讓我實際操作的時候一直失敗，那種感覺很差。並不是說作者故意要藏私，而是很多老師會覺得那些東西很簡單，不用特別教，可是他們忘了對於初學者來說，再簡單的東西都要教，才不會出問題。所以我下定決心，貝克街在教甜點的時候絕對要清楚明白，讓人一學就會！

貝克街的線上教學推出一陣子後，有學生說：「你們的課很詳細，詳細到讓我覺得有點囉唆，可是也因為這樣我才能每次都把甜點做成功，挺好的。」

聽起來是好事，可是為什麼教學詳細在出版社眼裡，是一個問題？

出版社希望書賣得好，想要書好賣就要有吸引人的標題、內容，所以你去書店挑食譜的時候，常常會看到一本食譜書裡塞了 50 個，甚至 100 個甜點教學，看起來才吸引人。

可是 100 道甜點教學放在一本書裡，會發生什麼事？

我自己就買過幾本類似的書，一頁就講完一個甜點做法，短短幾個字解決所有步驟，就和我以前的經驗一樣，教學漏掉一堆關鍵資訊，初學者想靠看書

就學會，是絕對不可能的。

所以在跟出版社談的時候，我都會跟他們說，要出食譜的話，一本書頂多放 4 ～ 5 道甜點教學而已，因為每道甜點需要近百個步驟、圖片來講解，才夠清楚。出版社編輯聽到這種要求都會皺起眉頭，問：「不然放 20 個教學，可以嗎？」

我們只能回答：「不行，20 個教學塞不進一本書，會不夠詳細。」

談到最後，都落得無緣合作的下場。

我的想法是出版社不願意也沒關係，大不了貝克街自己花錢出版也可以，至於為什麼會想出食譜，主要是為了完成夢想吧？出一本厲害的甜點書，感覺是很有成就感的一件事，也是一個里程碑！（畢竟出書能賺到的錢很少，如果是為了錢，那我寧可把時間花在其他更賺錢的業務上）。

但是我沒有自費出書的經驗，所以打電話詢問之前合作過的三采文化，有沒有什麼建議？

他們問：「為什麼要自費，不找出版社？」

我把原因講了之後，他們說：「自費不划算，我們可以幫忙貝克街出書，只有 4、5 道食譜也沒有問題。」

就這樣，貝克街第一本食譜書誕生了。

這本書的作者有三人，繁捷（我）、繁歌、品卉。

我是貝克街的創辦人，初期所有工作都是我和太太兩人完成的，做蛋糕、研發、行銷等等，書裡的綠玉皇冠、曼哥羅，就是初期研發的作品。

在經營了快兩年的時間，我的弟弟繁歌加入了公司，除了協助研發、製作蛋糕之外，還要管理其他的員工。

到了 2019 年貝克街開始做線上甜點教學，繁歌便負責站在鏡頭前教學

生，還有編排教學的流程、影片剪輯，想辦法讓學生簡單輕鬆地學會甜點。

　　至於品卉，則是在 2014 年的時候加入公司，她拚了老命地學習，利用下班時間訓練到半夜，也因為這樣，她有好幾年的時間都睡在貝克街的工廠，只為了練習完之後可以直接睡覺，不用花時間通勤。

　　我和繁歌滿佩服她的，雖然工廠全部都是防火建材，還有保全系統、偵煙、偵瓦斯等等防護，比一般住家還要安全，可是晚上的工廠很可怕，一個女生睡在那裡真的勇氣可嘉（現在她已經沒有睡在工廠了，不用擔心）。

　　她甚至自費飛到日本藍帶上課，廚藝突飛猛進，最後成為貝克街的研發主廚。書裡的艾琳、橙香乳酪蛋糕、巧克力夾心酥餅就是她的得意作品，還有在線上甜點課裡教的品項，也都是出自她手。

　　所以在這本食譜裡，每一篇的文字作者都不一樣，有時候是我，有時候則是繁歌或品卉。

　　我們花了非常多的時間，來完成這本書，同時它也代表貝克街一路以來的歷程，希望你會喜歡！

貝克街
甜點大師Cédric Grolet、西原金藏都讚許的品牌

2012年創立，販售高品質巧克力蛋糕，一年最高賣出十幾萬個蛋糕。

2019年跨足甜點教學，四年內銷售近60,000套課程，成為甜點教學界指標性品牌，被學生讚許為「最詳細、清楚、好吃的甜點課程」。

品牌創辦人 王繁捷
2011台灣Launching leaders大賽冠軍

研發主廚 陳品卉
研發主廚，日本藍帶甜點學院畢業，負責所有產品、課程的研發。

教學主廚 王繁歌
幽默的個性、清晰的口才、嚴謹的教學邏輯和技巧，讓初學者輕鬆學會甜點，備受學生信任。

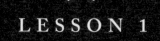

LESSON 1

買食材

一款甜點的表現好壞，食材就占了超過一半的因素；

想做出吸引人的美味甜點，

絕對不能向劣等食材妥協！

挑食材，品質最重要

QUALITY

常聽有人說「吃，是主觀的事」，所以一個甜點好不好吃，沒有一定的標準。是這樣嗎？

確實每個人的喜好不同，有人喜歡巧克力甜一點，有人喜歡巧克力苦一點，這種口味上的標準真的很主觀，也不能說誰對誰錯。但是在「食材」的品質上，就沒有主觀不主觀的問題了。例如生魚片，新鮮的和快壞掉的，兩者的口感、味道是天差地遠，相信嚐過的人都可以做出區別！

巧克力也是一樣，有用真的可可豆做成的巧克力，也有混了劣質油的巧克力。品質好的巧克力會入口即化，但是混入劣質油的巧克力，吃進口中會像是黏在口腔裡，吞都吞不下去。

我相信絕對有極少數的某些人，會偏愛快壞掉的生魚片或是使用了劣質油的巧克力，但是不能因為這樣就說：「因為每個人的喜好不同，所以壞掉的生魚片、劣質油巧克力，和高品質的生魚片、巧克力，沒辦法比出誰比較好吃，沒有一定的標準。」

食材的品質，好就是好，它沒有模糊地帶，也沒有主觀不主觀的問題，更和個人的喜好無關。一道甜點是不是好吃，不脫離下面幾項因素：

①客人喜好
②食譜設計
③製作技術
④食材品質

第①、②點是緊密相連的，不要覺得做出符合客人喜好的料理是件容易的事，要是真的這麼簡單的話，路上隨便一間餐廳的料理都會很好吃。但實際上，能抓住多數人胃口的餐廳只是少數。而食譜需要隨著客人的喜好調整，同時也是比較難掌控的。

原因很簡單，第一，廚師很難客觀看待自己的產品，常常覺得自己做的料理是最好吃的，這種想法當然沒辦法符合客人喜好。二來，調整食譜配方是很耗時間、困難的工作，像貝克街的第一款巧克力蛋糕，我們就花了好幾個月的時間調整，才做出讓目標客戶滿意的產品。很多人只想隨便拿個食譜，做一做就上架賣了，不想花時間調整。

　　關於③的製作技術，有開店經驗的老闆都知道，自己做的時候沒問題，可是換員工接手時又是另外一回事了，麵糊攪拌不均勻、烘烤時間不夠或是烤太久、秤錯材料……各種意外都有可能發生。畢竟要培育出一個讓人放心的師傅是很困難的，得花上大量的時間和心血，所以很多甜點店，不是老闆一個人做到死，就是請了員工之後品質變差；只有少數幾間能夠請了人，又維持高品質。相比下來，④的食材品質，就是相對容易控制的因素，只要確定原料品質好，就不用太擔心。甚至有人說，食材用得好，就算料理過程出了錯，也不會差到哪裡去。所以貝克街從創立之初，就堅持全程使用最高品質的原料！

　　貝克街的巧克力蛋糕，使用的是法國頂級品牌米歇爾（Michel Cluizel），還會用到莊園等級。生長在不同地區的可可豆，會隨著當地的土壤、氣候、溫度而呈現不同風味，有些帶堅果香，有些帶熱帶水果的酸氣，甚至是花香、煙草香等。保留可可豆原本的香氣，只用特定莊園的可可豆來製作，就是莊園巧克力。莊園巧克力通常只有在百貨公司的專櫃看到，小小幾片就要價上百元。

　　曾有件事讓我印象很深，某巧克力蛋糕店的老闆在接受採訪時，一臉得意地說：「我用的巧克力是比利時品牌，品質非常好。」那時候大約是 2012 年，那老闆提的比利時品牌巧克力一公斤才三百多元，而貝克街使用的巧克力價格卻是近千元，等級幾乎是天差地別。我們不僅直接把莊園巧克力放進蛋糕裡，還是不計成本大量地放，有同業看到了，非常驚訝地問：「為什麼你要用這種

巧克力？客人又吃不出來！」

　　我只是笑笑沒有回答，因為我們心裡很清楚，貝克街的客人絕對吃得出差在哪裡，所以他們才會願意花更貴的錢，選擇我們的蛋糕。

　　貝克街剛創立初期客人比較少，把蛋糕寄出後，我太太會一個個電訪詢問吃後的感想。後來就改成發信詢問，我們發現貝克街的客人寧願花多一點錢，購買使用優質食材做的甜點。 所以不只是巧克力，貝克街在原料選擇上都挑選品質好的，像是西班牙的葡萄籽油、伊思尼的發酵奶油、北海道的起司等等。在研發食譜時，更會以原料當主角，去突顯香氣。畢竟都挑選了這麼高品質的原料，還用其他東西蓋掉原料的原有香氣，不是太浪費了嗎？

　　客人的喜好、食譜、製作技術，或許不易掌控，但是貝克街有足夠的經驗，控制好這三項因素。如果你的店才剛起步，沒有方法確認客人的喜好、不懂怎麼調整食譜、對員工的訓練沒把握，至少可以用品質好的食材，讓產品水準維持在一個程度上。不要覺得客人不懂，就使用品質差的食材，其實多數人都有分辨食物好壞的能力，只是不見得會跟店家反應而已。

　　不過，雖然貝克街都是用很好的食材，但你可以根據自己甜點的特色，來選擇最適合的材料。例如某些甜點的主角，並不需要莊園巧克力的獨特香氣，那挑一般好品質的巧克力也是完全沒有問題的。能夠讓甜點協調得發揮出美味，才是最終的目的！

巧克力

CHOCOLATE

曾經有一位業務聯繫我，想要推薦某款可可膏（可可豆磨成漿後凝固而成，因為還未加糖，所以不會被稱為巧克力，但有人稱它是 100% 巧克力）。當時我問他這款可可膏的特色，他身體微微前傾，很有自信地看著我說：「它很便宜。現在客人都喜歡濃度高的巧克力，你只需要加一點我們的可可膏，就可以跟客人說你用了 100% 的高純度巧克力，這樣不是很好嗎？」

　　其實這只是商人的話術，因為巧克力濃度不完全等於品質，就像水果也未必越大顆就越好吃一樣！

　　來看看巧克力濃度代表的涵義。巧克力有兩大主要成分，分別是可可（乾可可＋可可脂）和砂糖。如果可可成分占有 70%，剩餘的 30% 就是砂糖，這就是 70% 巧克力；濃度越高的巧克力，因為糖的比例變少，吃起來就越苦。

　　但巧克力的濃度並不是越高越好。就像咖啡，沒有人會說：「這杯咖啡很好，因為用了很多咖啡豆。」這種話應該不會有咖啡品鑑師認同。

30% 砂糖　＋　70% 可可　可可脂　＝　70% 巧克力

　　那麼，該如何判斷巧克力的品質優劣呢？我認為需要知道以下三件事情：①認識莊園巧克力／產區巧克力、②瞭解巧克力的製作流程、③認識真、假巧克力。

►◄ 莊園巧克力 / 產區巧克力

貝克街巧克力蛋糕的香氣之所以有這麼多層次，有個很大的原因在於我們使用了莊園等級、單一產區等級的巧克力豆。

莊園巧克力、產區巧克力是什麼意思呢？可可豆就跟咖啡豆一樣，會因為品種、環境氣候、土壤營養、加工方式不同等原因，大幅影響巧克力風味。例如馬達加斯加的可可豆，有著熱帶水果的酸香；坦尚尼亞地區的可可豆，則有明顯的堅果風味。只要用特定區域的可可豆為原料，就能得到特殊風味的巧克力，這就是所謂的產區巧克力。

而比產區巧克力更昂貴、稀少的，就是莊園巧克力了！例如後續食譜用到的曼哥羅莊園巧克力，就是用來自馬達加斯加的曼哥羅莊園。

馬達加斯加島地屬熱帶氣候，曼哥羅莊園周圍長滿芒果樹，特殊的土壤營養和環境，為這裡的可可豆帶來濃郁的果酸及辛香料、蜂蜜、柑橘香氣。這也是為什麼產區巧克力、莊園巧克力的價格會比較高。當然，也有品牌會特別混合不同區域的高級巧克力，做成混豆巧克力。

看到這，你可能會有個疑問：我怎麼知道手上的巧克力產區在哪裡？

答案很簡單：如果是莊園 / 產區等級的巧克力，廠商百分之百會特別寫出來！仔細想想，花費的成本比人家高出這麼多，如果被拿去和一般的便宜巧克力混為一談還比價，豈不虧大？就像有機食品都會強調「有機」二字一樣，產區、莊園等級的巧克力，也會強調自己的賣點。

還有些巧克力品牌會強調「來自比利時」，但你有沒有想過：可可樹是熱帶植物，只適合在年平均氣溫 20 ～ 30℃ 的地區生長，而比利時地處高緯，明顯不符合可可豆的種植條件。所謂「來自比利時」其實指的是加工地點。

就像拿泰國的香蕉，來台灣做成香蕉派，包裝成「來自台灣的香蕉派」一樣。雖然沒有明著說謊，但有概念的人都看得出來是怎麼回事。

　　這種巧克力通常不敢直接說明自己使用的可可豆產區，它們的原料可能來自種植環境條件較差、發酵技術較落後的可可農，也會添加香料以掩蓋臭味。很多看似精品的巧克力品牌，其實是用這種便宜的巧克力產品和銷售話術，製造高級假象。

　　當然也有些誠實的廠商，會販售這種以便宜原料製成的巧克力，價格自然比較親民，常用來做巧克力雕工藝等。例如我在練習巧克力雕時，就是用一公斤大約三百元的調溫巧克力。

每個地區生產巧克力都有各自的特色，為甜點帶來不同的風味（黃色的那一顆是可可果實）。

►◄ 巧克力產出過程

　　又黑又甜的巧克力當然不是直接從樹上採下來的，而是要將可可豆果實經過一系列加工，才會變成我們熟知的巧克力。

　　可可果本身是種水果，剖開的切面跟釋迦很像——果肉包覆著一顆顆種子。果肉可以直接吃，味道像山竹，香甜爽口。可可果採收下來後就要開始發酵，發酵步驟需要仰賴專業師傅，依照當下的氣候、環境溫溼度，決定適當的時間。時間太短會導致風味不足，但發酵過頭又會酸臭走味。

　　發酵完成的可可果實，還需要經過日曬、烘烤，才會變成乾燥的可可豆，之後再去碾碎分離，就能得到可可外殼和可可豆仁。可可外殼有自己的獨特香氣，能泡出帶有豐富香氣的可可茶。

　　至於可可豆仁，因為含有很多油脂，拿去研磨、精煉，就能得到濃稠的可可漿。可可漿會再分離成乾可可、可可脂。

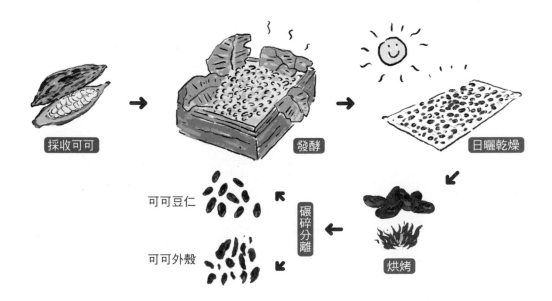

採收可可　　　　發酵　　　　日曬乾燥

可可豆仁　　碾碎分離　　烘烤

可可外殼

為何要大費周章地把乾可可、可可脂分離呢？對於高級巧克力製造商而言，這是為了重新調配穩定的可可脂比例。將調過比例的可可，再加入砂糖、香草（香莢蘭），就能得到穩定比例的巧克力。

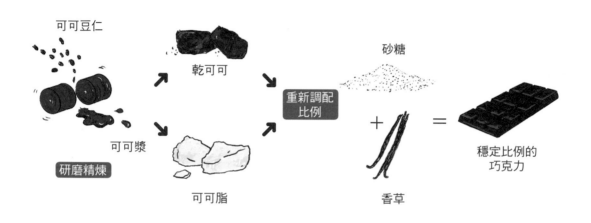

只是為何要強調穩定比例呢？就像每顆蘋果的甜度都不同，每顆可可豆的可可脂含量也不同，如果沒有重新調配比例，就會導致每次做出來的巧克力比例都不一樣。

以 70% 的巧克力為例，前面有說過，這 70% 是由乾可可、可可脂共同組成，卻不代表兩者各占一半。乾可可的比例越高，巧克力的味道越濃，但口感會比較硬、不順口。可可脂的比例越高，巧克力的口感越滑順，融化時流動性更好，但巧克力味比較淡。因為乾可可是巧克力主要的風味來源，可可脂則是巧克力滑順的口感來源。

為了調配出自己心目中理想的巧克力，各家廠牌都有專屬食譜，而這就屬於不會輕易透露的商業機密了。

►◄ 真巧克力？假巧克力？

為何會有所謂的假巧克力呢？前面講過，可可漿能分離出乾可可、可可脂。其中的可可脂，用途相當廣泛。可可脂屬於穩定的油脂，質感潤滑，氣味香甜，所以經常被用在護膚產品、化妝品、醫美與醫療產品上，許多高級美食也經常使用到可可脂。因為經濟價值高，所以有廠商會把可可脂另外販售。

那剩下的乾可可怎麼辦呢？除了做成可可粉之外，也會被拿來和其他植物油混合調配，做成低價的巧克力。大部分我們小時候吃到的便宜巧克力，就是用植物油做出來的，也被稱做「代可可脂巧克力」。

巧克力之所以吃起來順口，入口即化，是因為裡頭含有可可脂；如果是植物油製成的假巧克力，因為化口性比較差，油脂會殘留在嘴巴裡，很不舒服。至於分辨真假巧克力的方法非常簡單：直接看包裝成分表！只要成分表上出現植物油，百分之百就是代可可脂巧克力。以目前的科學技術，還沒有哪款代可可脂巧克力，可以比真正的巧克力有更好的風味、更好吃。

重新整理挑選優質巧克力的訣竅：先看包裝，是否為單一產區／莊園等級的巧克力。接著看成分，成分要盡量簡單。巧克力的成分大概有下面五項：①乾可可、②可可脂、③砂糖、④香草（不一定有）、⑤卵磷脂（不一定有）。

真的巧克力，成分就是這麼簡單。對了！卵磷脂是天然的乳化劑，可以幫助油脂和水分結合。有些廠商會添加一點卵磷脂，方便甜點師傅製作巧克力點心時，比較不容易油水分離。

►◄ 貝克街愛用的巧克力品牌

貝克街試過非常多巧克力，我和品卉討論後，決定分享一些愛用品牌。它們沒有絕對的優劣之分，因為還要考量到用途與成本。

⋈ 米歇爾柯茲 (Michel Cluizel)

這是貝克街的愛用品牌之一，除了有很多產區、莊園的選擇外，最大特色就是每款豆子都有明顯風味差異，讓人吃一口，就會有「啊、這是那款巧克力！」的記憶點，每一款莊園巧克力豆都非常獨特而鮮明。

85% 的阿肯高，有著迷人的堅果香氣；71% 的曼哥羅，有著果酸、辛香與柑橘的氣息；67% 的羅安哥娜，帶有紅色莓果的酸香。除此之外，米歇爾的混豆巧克力也很不錯。例如 63% 的法努雅巧克力，就有著溫順的風味，在調和強烈莊園巧克力風味時就很適合。

另一個深受貝克街喜愛的原因，是米歇爾的巧克力豆做得特別小顆，在秤料、融化或和其他材料調合時特別方便。在巧克力中添加卵磷脂，以提升甜點師的操作成功機率，也是米歇爾的小貼心。分享一件小趣事：貝克街曾經因為跟米歇爾叫貨量太大，引起法國公司總部的注意，特別派了經理來台灣一探原因，因為願意進貨高級巧克力的客戶實在是太少了。

⋈ 可可巴芮 (Cacao Barry)

和其他品牌相比，可可巴芮的價格明顯親民許多，但品質也有保證。例如它的聖多明尼克巧克力，淡淡的花香讓我非常喜歡，也是貝克街常態性商品經常用到的巧克力豆！我也很常用可可巴芮的可可粉，價格與品質都令人滿意。

⋈ 歐貝拉 (Opera)

又被稱做「歌劇巧克力」，這品牌特別擅長選用不同產區可可豆混成風味獨特的巧克力。還堅持不在黑巧克力產品添加香草，就是想完整呈現可可本身產區的特殊香氣。

我也很喜歡歐貝拉的白巧克力，甜而不膩，不會有過重的奶粉味，跟其他食材搭配時不會擾味。還有可可脂，味道純淨，不會影響其他食材的風味，這對甜點而言真的很重要。歐貝拉有一款「馬頓巧克力」，擁有強烈的柴燒龍眼乾風味，就曾在貝克街的客戶間掀起一股旋風。

⋈ 艾美黛 (Amedei)

號稱巧克力的王者，價格雖然較昂貴，但香氣層次豐富，通常建議做成巧克力片，或者直接品嚐，才比較能吃出層次的細節。

⋈ 瑪芙 (Marou)

來自越南的巧克力品牌，有許多越南特殊風味的產品。

⋈ 法芙娜 (Valrhona)

知名的高級巧克力品牌，我很喜歡它的藝塔酷嘉（使用和百香果一起發酵的特殊技術而製成）。它的白巧克力，味道也純淨。因為法芙娜的巧克力豆尺寸比較大，製作某些甜點時需要先切碎再使用。

因為對品質的堅持，所以貝克街在巧克力的選擇上有許
多要求。在家烘焙的你也可以視需要選擇喜歡的品牌。

低筋麵粉

FLOUR

說到麵粉，有件讀高中時發生的事讓我至今印象深刻。

當時，我讀的是高職食品科（學力測驗分數剛好在這科系），每週會有固定的烘焙課程。有一次，老師讓我們把高筋麵粉做成麵團，拿去水槽洗，一群學生就像洗食物的浣熊一樣，把麵團放在水龍頭底下搓個不停。過一陣子後，麵團居然開始變成透明有彈性的物體，老師走過來拿起那團透明物說：「大家看，這就是麵筋！」

我真的很驚訝，麵粉可以變成麵團已經夠神奇了，居然還會變透明！麵粉在烘焙的世界中如此重要，很大原因在於它含有麵筋。而蛋糕之所以能夠有膨鬆的口感，跟麵筋也有著很大的關係！簡單說明麵粉在蛋糕中的作用：

1. 麵粉裡含有蛋白質（此圖僅為示意，麵筋在顯微鏡下當然不是這樣的彈簧狀）。

富含蛋白質的麵粉

2. 麵粉加水攪拌，蛋白質與水分結合，會變成有彈性的、網狀的麵筋組織（雞蛋、牛奶就屬於水分材料）。

麵粉加水後混合，蛋白質變成有彈性的麵筋

3. 麵糊進入烤箱烘烤，麵糊裡的氣泡受熱膨脹，會撐開麵筋的網狀組織。麵糊被烤熟，網狀組織固定，就變成蛋糕體。

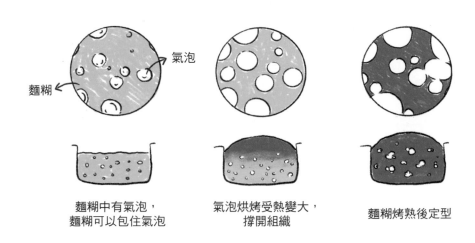

麵糊中有氣泡，　　　　氣泡烘烤受熱變大，　　　麵糊烤熟後定型
麵糊可以包住氣泡　　　撐開組織

瞭解麵粉筋性對蛋糕的影響後，就可以再瞭解麵粉的分類。

在台灣，麵粉有低筋、中筋、高筋之分，剛開始接觸烘焙的人，可能會很困惑該怎麼選擇。顧名思義，低、中、高筋跟麵粉中的麵筋含量有關。高筋麵粉的筋性比較強，適合做成麵包；低筋麵粉的筋性比較弱，適合做成蛋糕、餅乾、塔皮等鬆軟或酥脆口感的甜點；中筋麵粉的筋性介於兩者之間，多用在包子、饅頭等中式點心。

因為本書為貝克街的甜點食譜，所以只會用到低筋麵粉。這邊也簡單分享我們常用的品牌。

同樣都是低筋麵粉，但是不同的品牌，其吸水性、風味都會因為加工技術不同而有差異。不過製作甜點時，麵粉的用量通常不多，所以品牌的影響比較小。但有些高階品牌的麵粉確實能做出不同口感的蛋糕，這部分則看個人需求。

貝克街私廚甜點課

我自己是習慣用白菊花、紫羅蘭這兩個牌子，因為品質穩定、價格不貴，也方便同學取得，是貝克街常用的品牌。 如果買不到這兩個推薦品牌，只要是從正常管道（烘焙材料行、知名連鎖超市）購得的低筋麵粉，也是可以的。

　　但是不建議購買私自分裝或沒有正式包裝的麵粉，因為不當的保存方法極可能讓麵粉產生黃麴毒素，對健康造成嚴重危害！

►◄ 不同國家，分類方法不一樣

　　貝克街經常收到來自同學的詢問——如果人不在台灣，要怎麼買到需要的麵粉？因為國外的麵粉，分類方式不同於台灣，而是有各種其他不同的名稱。就讓我們以日本、美國、法國這三個國家來說明！

⋈ 日本
　　和台灣相同，也是以「蛋白質含量」來區分。只是日本的低筋麵粉叫「薄力粉」、高筋麵粉叫「強力粉」、中筋麵粉則是「中力粉」。若記不住，可以直接看成分表上的蛋白質含量來判斷。

⋈ 美國
　　美國的麵粉分類很隨興，直接依照功能分類。例如低筋麵粉就叫「Cake flour」，高筋麵粉就是「Bread flour」。

⋈ 法國
　　法國的麵粉分類是用灰分含量來界定，以 T（type）＋數字來標示，例如 T45、T55、T80 等，這數字代表每 10g 的麵粉中，含有多少灰分。數字越大，

灰分含量越多。灰分是指麵粉被高溫完全燃燒後，剩餘的殘餘物質，來自小麥麩皮與胚芽，小麥麩皮與胚芽含有礦物質和蛋白質，灰分若越多，代表麵粉所含的礦物質、蛋白質也越多。如果小麥經過更多的精白動作，灰分殘餘量就會越少。

　　因此，T45 的灰分含量少，比較接近我們的低筋麵粉。但是，灰分越多，筋性未必越強。例如雜糧粉、全麥粉的灰分一定比較多，因為它們留有較多的麩皮成分。但是過多的麥穀會阻斷筋性形成，導致成品的口感粗糙。也因此，強調使用全麥粉的健康麵包或健康蛋糕，口感通常比較不細緻。麵粉中的礦物質是麥香的重要來源，偶爾我也會使用一些 T55 麵粉，以增加麥香。

① 麵粉被高溫燃燒後，剩下的灰色粉末就是灰分（礦物質、蛋白質等）

② 小麥麩皮與胚芽中含有礦物質

小麥麩皮
胚乳
胚芽

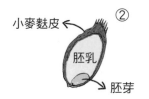

③ 精白：去除多餘的麩皮及胚芽

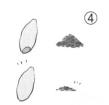

④ 精白（加工）越多，剩下的灰分越少

►◄ 麵粉的保存

麵粉一旦開封使用，就得密封並置於乾燥陰涼處保存，否則容易受潮。麵粉若是受潮，吸水性就會變差（製作麵包時的影響尤其大），更糟的是容易產生黃麴毒素，攝取過多會有中毒的問題。輕微的受潮會導致麵粉結塊，麵粉若結塊，麵糊就很難完全混合。這也是為何低筋麵粉在使用前，一定要先過篩。

製作環境的濕度也要注意。貝克街就曾有學徒把過篩秤好的低筋麵粉順手放在電磁爐附近，當時正好在煮牛奶，散發出來的濕氣不知不覺就讓麵粉受潮，若非及時發現，很可能就毀掉一整鍋蛋糕麵糊。只要對麵粉有足夠的認識，在做甜點時就會更得心應手，雖然它不是甜點主要的風味來源，卻一直都是不可或缺的角色！

選購麵粉時，除了品牌也要注意保存方式，以免對身體產生不良影響。

雞蛋

EGG

我在成為貝克街主管後的第一個夏天，碰到一個問題：雞蛋品質不穩定。

當時我們一直是跟固定的蛋商合作，購買他們的紅殼蛋，因為覺得他家的蛋味道比較香，紅殼蛋的蛋殼也比較厚，和白殼蛋相比，送達時新鮮度通常比較好。不過，那陣子的雞蛋，蛋白都很水，打發的蛋白霜狀態也不穩定，容易消泡，為此，我們毀損了不少蛋糕。

我立刻打電話給蛋商，詢問為何給我們這樣品質的雞蛋？蛋商無辜地回答：「我真的給你們最新鮮的雞蛋了！但是現在是夏天，天氣太熱，母雞喝太多水，蛋白含水量變多，就變得比較稀了！」我無言了，真沒想到雞喝太多水也會有問題。

雖然後來我們改用大成的 CAS 認證等級鮮蛋，就比較沒有這類問題，但這件事情始終讓我印象深刻，水水的雞蛋真是讓我受夠了。

會讓蛋白變水的原因，除了雞隻的喝水量之外，另一個關鍵就是新鮮度。雞蛋的新鮮與否，更是影響甜點的重要關鍵！

為何新鮮的雞蛋很重要？選用新鮮的雞蛋，不只是為了營養、好的風味，它跟口感也有很大的關係。

製作蛋糕時，經常會把蛋白打發，製成膨鬆的蛋白霜（這是大多數蛋糕可以膨鬆柔軟的重點）。但是，使用的雞蛋不夠新鮮，蛋白霜就會容易崩塌、出水，失去膨鬆度，就是我們常說的「消泡」，也是那個夏天讓我碰到的狀況。

最理想的雞蛋，是擁有飽滿、不容易破裂的蛋黃，以及濃稠、不透明的蛋白。新鮮的蛋白之所以會狀態濃稠，是因為裡面的蛋白質緊密靠在一起，因為密度較大，光線無法順利穿透蛋白，看起來也就比較混濁。

剛落地的雞蛋是中性偏鹼性，但隨著時間變久，新鮮度下降，會逐漸排出二氧化碳，導致 pH 值上升，逐漸產生出互相排斥的負電荷，進而讓蛋白質彼此疏遠。蛋白質逐漸疏遠，蛋白就會變得比較稀、水，讓光線穿透其中，顏色就越來越如水一般清澈透明。也因為含有互相排斥的負電荷，打發的蛋白霜無法保持穩定的狀態，容易消泡、崩塌。也因為 pH 值上升，雞蛋不新鮮的時候，會出現難聞的鹼臭味。

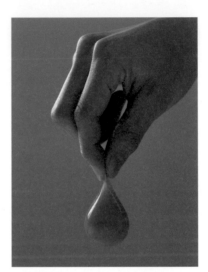

結實的蛋黃，是可以徒手捏起的，這也常是我們確認雞蛋新鮮度的小遊戲。

►◄ 雞蛋的挑選

既然雞蛋的新鮮度如此重要，那該如何挑選雞蛋呢？多數人都是在超市挑選盒裝雞蛋，所以我建議選擇蛋殼上印有 CAS 標章的雞蛋。

在台灣，CAS 標章代表這顆蛋經過嚴格的篩選程序，包括生產設備衛生管理、蛋殼有無破損或被雞糞污染，包裝也會比較完好。建議盡量選擇冷藏販售的雞蛋，如果你習慣在傳統雜貨鋪購買雞蛋，就要注意下面幾點：

1. 蛋殼摸起來要粗糙、厚

剛生出來的雞蛋，蛋殼會比較厚（才能防止細菌跑進去），隨著時間過去，蛋殼會越來越薄（否則小雞無法破殼出生）。如果雞蛋蛋殼看起來偏薄，除了可能是母雞年紀太大鈣質不足外，也可能是因為新鮮度下降。

2. 絕不可有裂痕、破洞、臭味

雞蛋的營養價值很高，無論是對人來說，還是細菌、蟲子。所以只要雞蛋表面出現裂痕、破洞，就會促使細菌繁殖或是吸引蟲子靠近，很快就會產生臭味，哪怕是一丁點都不行！

3. 不可有雞屎殘留

雞蛋和母雞的尿液、糞便都是從同個孔道產出，可以想見上面會沾黏多少髒東西，所以要盡量挑選外觀乾淨的雞蛋。買回家後一定要冷藏保存，不要用水清洗，以免讓細菌跑進蛋殼內造成污染。

4. 握在手上的感覺紮實

隨著新鮮度下降，雞蛋蛋殼會變薄，空氣開始滲入到雞蛋裡，蛋白的 pH 值上升，蛋白變得比較稀、不紮實，氣室也會有越來越多空氣，是為了讓小雞可以透過氣室呼吸。所以現在有一種測試雞蛋新鮮度的方式：把雞蛋放到水裡。越不新鮮的雞蛋就越容易浮起來，如果真的浮出水面，通常這顆雞蛋非常不新鮮了。

不新鮮　＜　　＜　新鮮

►◄ 白殼蛋、紅殼蛋，哪個好？

除了新鮮度的問題，也有很多人會問：「買白殼蛋就好嗎？還是要買紅殼蛋？紅心蛋會不會更好呢？」

先講答案。如果是做甜點，一般的白殼蛋就很足夠，因為關鍵在於新鮮。白殼蛋、紅殼蛋，其實只是雞隻的品種差異，所以蛋殼顏色才會不一樣，但是在營養上並沒有差異。而紅殼蛋之所以價格比較高，只是因為雞種在台灣比較難養，產量比較稀少。至於紅心蛋，則跟飼料有關，並不代表蛋黃的顏色越紅越好！

有次，某業務向我推薦他們引以為傲的「紅心蛋」。

「你看吼，我們的蛋黃，很紅，顏色很漂亮！」他秀出照片繼續說：「你們現在用的這種蛋，成本都太高了啦！如果你願意用我們家的紅心蛋，我可以給你更漂亮的價格！」

當時我有點驚訝地問：「價格這麼便宜，這種雞蛋的成本有這麼低嗎？」

他笑了一下：「沒有啦，就跟普通的雞蛋一樣啊。誰叫客人都喜歡蛋黃要紅紅的，我們在飼料混一點食用色素給雞吃，就有這效果了。你還可以跟客戶說你們用的是紅心蛋，搞不好還可以順勢漲價耶！」最後，我當然沒有和這間蛋商合作，光是心態就完全不對了。

當然，正派的蛋商會使用含有胡蘿蔔、紅椒等成分的飼料，能讓蛋黃顏色偏橘黃，並非所有紅心蛋都是吃色素喔。

紅殼蛋與白殼蛋並無營養上的差
異，不需要因此而偏愛哪一方喔。

無鹽發酵奶油

CULTURED BUTTER

先分享一件小趣事：記得品卉剛進貝克街沒多久時，我們用的奶油塊，一塊就有 25 公斤重，每到備料時就得自己拿超大把的牛刀來切。為了把奶油切開，通常需要利用體重往上壓，比較好切，也比較不容易受傷。某一次，奶油來不及退冰，品卉又急著用，但是她實在太輕了，就這樣兩腳懸空連人帶刀的卡在奶油塊上……

奶油在不同的溫度下，硬度會完全不同——常溫狀態很柔軟，溫度高一點就會融化成液態，冷凍狀態下則硬得跟石頭一樣！但就是這種多樣的變化性，讓奶油在甜點世界中占有重要的地位，在各種狀態時都有它的用途。

►◄ 奶油的不同型態

⋈ 冷凍奶油

冷凍狀態的奶油，質地堅硬，不容易和其他食材結合。聽起來似乎是缺點，但對某些甜點來說卻是必要的。例如想要表面有漂亮的奶香酥粒，就得用冷凍奶油和奶粉、糖、麵粉等材料打碎，如果使用軟化的奶油，就會失去一顆一顆的酥粒口感。又例如司康，需要使用冷凍奶油，確保中間的組織能呈現出層次感，製作時，要避免攪拌過度導致奶油融化。

⋈ 冷藏奶油（4～6℃）

冷藏狀態的奶油，穩定不易變形，也不至於硬得像石頭，可分切成食譜需要的形狀，例如切塊、切丁等。

⋈ 8～12℃的奶油

這溫度的奶油，具有一定程度的韌性、延展性，甚至可以彎折，這點對於

千層類的甜點至關重要！因為千層類的甜點，需要利用這個溫度的奶油片與麵皮，層層堆疊折疊，變成一層一層的組織。如果奶油融化，就無法隔絕麵皮，做出漂亮的千層了！

⋈ 常溫軟化奶油（19 ～ 22℃）

食譜常說的軟化奶油就是這溫度。有種常見的判斷方式，是用手指輕壓就可在奶油上壓出紋路而不融化。食譜中常可見到軟化奶油的應用，例如奶醬，有些食譜會在最後階段加入軟化奶油拌勻，這是為了讓奶油以肉眼看不見的細小顆粒均勻分布其中，又不至於化成液態。因為奶油的融化溫度，跟人類的口腔溫度接近，所以才會有美妙的化口性，讓軟化奶油分布在奶醬中，就能讓奶醬的化口性更好了！

有些食譜會將軟化奶油打發，隨著電動打蛋器打入空氣，軟化奶油會越來越膨鬆，顏色會越來越白。打發的奶油可以混入砂糖、香料，直接做成奶油霜內餡，也可以拿來做成蛋糕，例如有些磅蛋糕食譜，就會用打發的奶油讓口感膨鬆一點。軟化奶油也可以和高筋麵粉混合（奶油 3：麵粉 1），做成離模奶油膏，拿來刷模具，達到更強的防止沾黏效果！

8～12℃的奶油具有可彎折的延展性。　　　　19～22℃的常溫奶油可以輕鬆壓出凹痕。

貝克街私廚甜點課

⋈ 融化的液態奶油

徹底融化的液態奶油，無論是做奶醬、加入蛋糕麵糊，都有很好的相容性。只是在加入蛋糕麵糊時，要注意油脂容易造成消泡，所以一旦加入奶油，攪拌速度千萬不能太慢！也要注意麵糊本身的溫度，如果溫度太低，讓奶油再次凝固，就會造成食材無法混勻，進而導致食材分離的悲劇。

►◄ 關於奶油種類

奶油有分很多種類：

① 有鹽奶油＝本身含有鹽巴的奶油；通常用在鹹食。

② 無鹽奶油＝不含鹽的奶油；通常用在甜點。

③ 發酵奶油＝經過發酵的奶油，奶香味比較重。

④ 未發酵奶油＝沒有發酵過的奶油，味道比較純淨（多數日本師傅喜歡用未發酵的奶油，以免搶走甜點其他食材的風味）。

選購前要先瞭解自己該買哪種奶油。我個人喜歡用無鹽發酵奶油，因為它的香氣很棒。

一般奶油含有大約 16% 的水分，所以放上平底鍋煎時，會發出美妙的滋滋聲——這也是我們做甜點最常用的奶油。在烘焙材料行，還有另一種奶油：無水奶油，這種就比較適合做餅乾、蛋捲，因為水含量越少，越不容易和麵粉形成麵筋，就能讓口感更酥。

另外還有片狀奶油，主要是為了在製作千層類產品比較方便，除了形狀已經是片狀、比較好操作外，也因為製作技術不同，片狀奶油的延展性會更好，更不容易在製作過程中斷裂。

►◄ 奶油在蛋糕中的用途

　　奶油除了帶來香氣外，也會讓烤好的蛋糕口感變紮實，這是因為奶油在冷卻後會凝固的關係。不過，有時也可能會讓蛋糕吃起來太紮實，這時可以考慮用液態植物油替代部分奶油。奶油也會讓蛋糕烤後的顏色更漂亮，因為奶油中含有的蛋白質，和麵糊結合後一起經過高溫烘烤，會幫助形成更多梅納反應（蛋白質＋醣類＋高溫烘烤後，會出現特殊的香氣和焦褐色物質）。

每種奶油都有其特色，充分了解可以讓你的烘焙之路走得更順利。

►◄ 奶油的品牌

除了認識奶油在各種溫度下的用途外，奶油本身的香氣也是一大重點。

一位美國朋友曾跟我說：「Butter makes everything better!」（奶油可以讓所有東西都更好吃！）雖然我馬上回問他要不要喝豬血湯配奶油，被他拒絕了，但這並不減他對奶油的讚嘆之情。

奶油擁有厚實穩重的香氣，但要如何控制好這個香氣，和甜點來場完美的交響樂，是甜點師要考量的重點之一。不同品牌的奶油，因為飼養環境、牧草、乳源的不同，風味也會不一樣。

總統牌、愛樂薇（鐵塔牌）是貝克街常用的奶油品牌，主要是風味佳，價格實惠，也方便取得，很適合一般家庭選購。而總統牌的發酵奶油，奶香味濃厚，特別適合需要濃郁奶香的甜點使用。如果預算充足，可以試試公認的頂級奶油——法國的艾許奶油（Échiré）。挖一小塊放在舌尖上，感受融化時釋放出的層層奶油香氣，會讓人不自覺地閉上眼睛享受。而法國的依思尼、萊思克，也都是貝克街用過，很喜歡的奶油品牌！

—主廚的私房筆記—

我偶爾也會使用芥花油來替代部分的奶油。雖然液態植物油沒有奶油的香氣，但它即使在低溫也不會凝固，這特性可以讓蛋糕口感比較柔軟。只要和奶油調整比例，就能找出自己想要的口感，又能保留奶油的香氣。之所以使用芥花油而非沙拉油，是因為芥花油味道清淡，不會干擾蛋糕風味。

糖

SUGAR

為何大家會這麼喜歡「糖」呢？

有個說法是，人類自古以來都在為覓食而苦惱，一旦吃到高熱量的含糖食物，大腦就會釋放愉悅的信號，促使人們去尋找更多富含這種能量的食物。也難怪甜點會如此誘人了。

不過隨著健康意識抬頭，越來越多人喜歡問一個問題：「我可以減糖嗎？」貝克街在授課時也經常收到學員類似的詢問，但許多甜點新手的災難，都是因為減糖而造成的。因為糖對於甜點的影響，遠遠不止甜度這麼簡單！

▶◀ 糖對蛋糕的影響

製作蛋糕時，可以發現很多食譜都要求砂糖和蛋白一起打發。這是因為砂糖可以鎖住水分，並且具有黏性，可以讓打發的蛋白霜更細緻穩固，不容易消泡、崩塌。

而且糖在受到高溫後，會變成焦糖，也就是說，蛋糕烘烤完成的焦色，其實有一部分是來自糖的焦糖化。

這也是為什麼減糖過度的蛋糕，顏色會比較淺、味道也比較平淡。而且糖還有保濕的作用，可以讓烤好的蛋糕不容易乾掉，吃起來比較濕潤。

砂糖一直都是甜點製作時的必備角色，也因為它是如此重要，人們才研發出各式各樣不同種類的糖，讓甜點可以有更豐富的變化。以下要特別介紹貝克街常用的糖，以及我喜愛的品牌。

►◄ 各式各樣的糖

⋈ 紅糖
推薦：法國鸚鵡牌

在台灣，紅糖、黑糖經常被混淆。但是在國外，紅糖的英文是 Brown sugar，同時又細分為添加糖蜜比較少的 Light brown sugar，或是添加糖蜜比較多的 Dark brown sugar（但不是黑糖喔）。鸚鵡牌的紅糖，是我用過的紅糖中，香氣最讓我喜歡的，價格也不貴，網購就可以取得。只可惜目前包裝的開口比較會卡糖，如果包裝上能有調整就更方便了。

⋈ 三溫糖
推薦：日本三井製糖

日本人製作細砂糖時會反覆熬煮，最後剩餘的糖液會有點焦糖化。使用這些剩餘的糖液製成的糖，就是三溫糖。三溫糖有著恰到好處的焦化香氣，例如本書會教的曼哥羅莊園，就是用三溫糖取代部分的砂糖，讓蛋糕散發細緻的香氣和巧克力搭配。

⋈ 和三盆糖
推薦：日本岡田製糖

和三盆糖來自日本，以手工反覆揉壓製造而成，糖粒細緻，入口即化，是日本高級和菓子經常用的糖。我第一次吃和三盆糖是直接用新鮮草莓沾著吃，那極度細緻、溫暖且柔和的香氣，讓我非常驚豔！如果想要把它運用在甜點上，建議要確保其他食材不會蓋過和三盆糖的香氣，否則就太浪費了。

⋈ 細砂糖
推薦：台糖、任何大品牌

　　細砂糖是精煉到極致，去除甘蔗的礦物質、香氣後，得到的最純粹的糖，好的細砂糖應該純淨無雜色、雜味。就像蒸餾水一樣，不同品牌的蒸餾水喝起來都差不多，就是因為它已去除所有雜質。不同品牌的白砂糖，吃起來都差不多。但直接吃的話，會發現嘴裡隱隱有股酸氣，也就是說需要使用大量砂糖的甜點，若只選用細砂糖，風味會相對單調，也因此市面上有許多不同種類的糖。大多的細砂糖品牌沒有好壞之分，但日本的東洋精糖細砂糖是少數能做到純淨無味，也比較沒有酸氣的高級砂糖。

⋈ 葡萄糖漿
推薦：法國培得

　　葡萄糖漿（葡萄糖＋果糖）是屬於轉化糖的一種，轉化糖比一般砂糖有更強的鎖水性。想要讓甜點具備更好的保濕效果時，我就會添加一點葡萄糖漿。此外，葡萄糖的甜度是砂糖的 70%，可以降低整體的甜度。只是葡萄糖在 150℃左右時就會開始焦糖化（砂糖約 165℃），若是在蛋糕中添加葡萄糖漿，烤出來的蛋糕顏色會比較深。

⋈ 上白糖
推薦：日本三井製糖

　　上白糖的特色，就是在糖上面噴灑一層薄薄的轉化糖。雖然只有一點點，但用上白糖做甜點，確實能感覺到成品的保濕效果更好，吃起來更加濕潤。細緻的糖粒也讓上白糖方便融化，有時我會在甜點中選擇使用上白糖，創造出不一樣的口感。

⋈ 海藻糖

推薦：日本林源

我喜歡甜點，但我不喜歡甜膩。可是甜點中的糖用量不能隨便亂減少，因為糖除了帶來甜味，對口感也有很大的影響。這時，就可以用海藻糖替代一部分的砂糖，海藻糖的甜度只有砂糖的 45%，吃起來就不會太甜膩。

但是海藻糖有個缺點：不會因為高溫而焦糖化。甜點烘烤後之所以能有漂亮的金黃色，部分原因是梅納反應，另一個原因就是砂糖高溫焦糖化的效果。所以，如果食譜中的砂糖全被海藻糖替代，烤出來的顏色就會偏白、同時缺乏香氣。另外，海藻糖的味道跟砂糖不一樣，用太多海藻糖的話，也會影響風味。順帶一提，海藻糖的熱量跟砂糖無異，並沒有比較健康。

⋈ 蜂蜜

推薦：多嘗試，找出自己喜歡的口味

蜂蜜是天然的轉化糖，有著強大的鎖水性、多層次的香氣。選購蜂蜜時，最怕的就是買到假蜂蜜。那要如何判斷呢？真正的蜂蜜含有澱粉、花粉等雜質，質地會比較混濁，如果購買玻璃瓶裝的蜂蜜，可以看看是否能透過瓶身看到另一邊的手指。如果手指清晰可見，通常都是假蜜。

假的蜂蜜完全不會結晶。不過，不建議單純用結晶與否來判斷蜂蜜真假，因為蜂蜜的花源不同，會影響蜂蜜中果糖、葡萄糖之間的比例。例如葡萄糖比例較高的荔枝蜜，在溫度低於 13℃時就開始結晶，但果糖比例較高的龍眼蜜，就沒那麼容易結晶。有些蜂蜜會裝在塑膠瓶裡，看不清楚內容物，這時就可以看看有沒有國家的蜂蜜品質認證標章。雖然每個國家的標準都不同，但有國家認證絕對比較有保障。蜂蜜跟咖啡、巧克力一樣，會因為蜜蜂採蜜的花不同，而呈現不同的風味，喜歡哪種蜂蜜的味道，可以自己多試試看！

在甜點的世界中，善用各種不同的糖，能讓同一款甜點有完全不同的口感、風味。

鮮奶油

CREAM

小時候，曾因為同學生日吃到鮮奶油蛋糕，印象中很甜，但吃起來滿嘴奶臭，融化後那味道黏在口腔內久久不散，吞進肚子裡更有一種滿滿的負擔感。後來吃到真正的鮮奶油甜點時，當下感覺驚為天人，這樣一個食材居然能同時有奶香、有甜味，在嘴裡化開後還會留下清爽的香氣，讓人意猶未盡！只能說，跟我以前對鮮奶油蛋糕的記憶差太多了！

　　真正的鮮奶油之所以好吃，是因為含有豐富的乳脂肪，這些乳脂肪讓鮮奶油打發後變成膨鬆的鮮奶油霜，也因為是天然的乳脂肪，所以入口即化，融化後依然爽口。將鮮奶油加入奶醬、蛋糕時，就可以讓奶香更濃郁，口感更濃厚滑順。我在構思甜點食譜時，有時會混合鮮奶油、牛奶當作水分，這樣就能保有牛奶的清爽，又能多一些乳脂肪帶來的香氣、口感。只是，為何跟小時候吃到的便宜鮮奶油蛋糕差這麼多？這是因為小時候吃的鮮奶油蛋糕，用的都是植物性鮮奶油。

►◄ 鮮奶油種類這樣分

　　鮮奶油其實有分：動物性鮮奶油、植物性鮮奶油、動植混鮮奶油三種。

⋈ 動物性鮮奶油

　　牛奶靜置一段時間後，較輕的乳脂肪會往上浮，撈起那層富含乳脂肪的奶液，經過殺菌、均質、冷卻、填充、熟成等一系列處理，就成了鮮奶油（工業化製作通常會使用離心機，效率更快），之後再添加乳化劑、安定劑以穩定質地，延長保存期限（也有少數品牌會以無添加為賣點）。動物性鮮奶油的風味最自然，吃起來比較清爽無負擔。

⋈ 植物性鮮奶油

將植物油經過氫化處理，加入食用色素調成純白色，再添加人工香料製造出奶香味，這樣製造出來的就是植物性鮮奶油。不僅價格便宜、可以長期存放，打發後的奶油霜非常穩固，就算是在偏熱的溫度也能屹立不搖。

但是植物性鮮奶油的缺點也很明顯：難吃。它的脂肪會黏在嘴巴裡，舌頭、上顎都會黏上不自然的奶味，而且不益人體健康，因為氫化油脂是人造的反式脂肪。不過，植物性鮮奶油非常適合用來練習蛋糕的鮮奶油抹面、擠花，反覆使用練習各種技巧。也有品牌會特地調配適合義大利麵奶醬用的植物鮮奶油，來降低餐廳成本。

⋈ 動植混鮮奶油

顧名思義，混合了動物性鮮奶油與植物性鮮奶油。一些厲害的品牌（例如日本高梨、北海道四葉）可以做出兼具良好風味、化口性，打發後又比一般動物性鮮奶油更穩定的動植混鮮奶油。缺點就是比較貴，如果不是特別要抹面、擠花的話，並不一定要用到動植混鮮奶油。市面上也有便宜的動植混鮮奶油，因為技術、原料成本的限制，風味可能比較差或添加過多的香料。

瞭解各種鮮奶油的差異之後，應該不難發現，在製作甜點上通常是使用動物性鮮奶油，無論是做成奶餡、打發都非常適合。

▶◀ 鮮奶油的打發

鮮奶油、蛋白都能打發，但兩者的原理並不相同。全脂牛奶的乳脂肪含量是 3.0 ～ 3.8%，而做甜點使用的鮮奶油則是 35 ～ 38%。乳脂肪含量越高，奶

味會越重，打發的鮮奶油霜也會更穩固。鮮奶油之所以能打發，是因為攪打的動作把空氣打入鮮奶油中，讓乳脂肪聚集在氣泡周圍，變成一顆顆包著空氣的脂肪球。所以，乳脂肪越多，鮮奶油霜就會越穩固，相對的奶味也會更重。

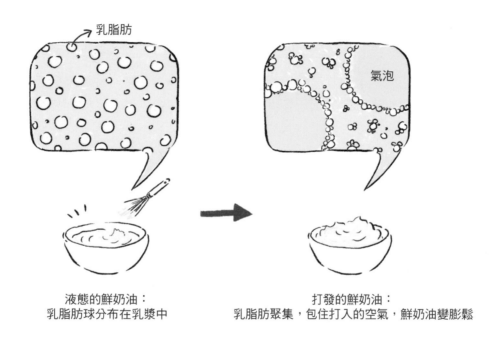

液態的鮮奶油：
乳脂肪球分布在乳漿中

打發的鮮奶油：
乳脂肪聚集，包住打入的空氣，鮮奶油變膨鬆

　　因為鮮奶油是依靠乳脂肪來包覆氣泡，所以鮮奶油霜非常怕熱，溫度稍隨高一點，就很容易融化、消泡。這也是為何「打發鮮奶油時要墊冰水盆」，就是為了確保鮮奶油不會因為高溫而打發失敗。不過，就算墊著冰盆，周圍環境溫度若太高，鮮奶油還是容易打發失敗，因為打發時空氣會拌入鮮奶油中，空氣的溫度高，一樣會讓鮮奶油變得花花爛爛。理想的狀況，是在 18℃的冷氣房，搭配冰盆打發鮮奶油，這樣做出來的鮮奶油，質地會比較穩定！

►◄ 不同風味的品牌

⋈ 法國總統牌

　　總統牌的鮮奶油味道很好，價格親民，方便取得，是很好用的鮮奶油。貝克街大多數的產品都是用這個品牌，偶爾夏天天熱想吃仙草，我們也會自己加一點總統牌的鮮奶油，比起氫化油、香料做的奶精，好了無數倍！

　　就貝克街的使用經驗，和依思尼的鮮奶油相比，總統牌在打發穩定性上稍微弱一點，操作時需要更多技術和經驗。

鮮奶油的品牌多樣，尋找適合品牌的過程，也是一種樂趣與挑戰。

⋈ 法國依思尼

這是我個人非常喜歡的品牌，味道香醇又不會過於奶膩，打發時穩定性良好，非常適合甜點製作。可惜的是價格比較貴，在購買上也沒有這麼方便。（2022 年底，因為乳源吃緊，依思尼停產鮮奶油，希望未來會再次製作）

⋈ 日本歐牧純生鮮奶油

在風味與價格上，都屬頂尖。歐牧鮮奶油的風味香醇，打發成鮮奶油霜後，吃起來不會黏口；附著在舌頭上，反而化口性極佳，相當清爽。就算是鮮奶油用量大的甜點，吃起來也不會膩。

之所以有這樣的特性，是因為它完全沒有添加乳化劑、安定劑，所以乳脂肪一進入口腔、碰到人體溫度，就會快速化開，形成清爽口感。也是因為沒有添加乳化劑，效期特別短，算上包裝、運送到台灣過海關的時間，送到手上時，效期通常只剩 2 週。

—主廚的私房筆記—
鮮奶油的顏色偏黃，不代表品質差，主要是和牛隻吃的飼料有關。牧草含有胡蘿蔔素，所以吃牧草的牛隻所產鮮奶製成的鮮奶油會是淡黃色，而吃穀物的牛隻，其製出的鮮奶油色澤就比較白，歐牧鮮奶油就是如此。

奶油乳酪

CREAM CHEESE

在我小時候，其實沒什麼機會可以吃零食，因為媽媽很注重健康，對小孩吃進嘴裡的食物很要求。

因為太少機會吃零食，所以有段時間我經常溜進廚房偷吃味精，直到現在都還能想起當時的味道。除了味精，我的另一個樂趣就是開冰箱拿起司來吃，一片起司就可以讓我享受許久。長大後，透過甜點認識奶油乳酪，更是讓我開啟一扇全新的大門！

將鮮奶油（有些品牌會混入牛奶）殺菌後，接種乳酸菌發酵，就能得到名為「奶油乳酪」的軟質起司。質地絲滑柔軟的奶油乳酪，可以跟液體混合做成濃稠的奶餡，也可以打發讓口感稍微膨鬆。因為有穩固的質地，它也是乳酪蛋糕的原料。

分享一個我很喜歡的私人用法：直接把奶油乳酪切小塊丟進烤箱烤，就是令人讚嘆的美味點心了！

►◄ 挑選原則

奶油乳酪是經過發酵、調製的產品，所以品牌的乳源、製造技術，會大幅影響奶油乳酪的味道。

直接挑選自己喜歡的品牌來製作甜點並不會有大問題，但要特別注意該款奶油乳酪是否會偏酸、偏鹹，或是有奶味比較膩口的狀況。假設你買到的奶油乳酪奶味比較膩口，那就要思考後續的搭配是否要清爽一點。比較理想的情況，是希望能挑到酸度、鹹度、奶香都剛好的奶油乳酪，在製作時不至於擾味。

►◄ 推薦品牌

奶油乳酪是貝克街甜點經常使用到的食材,我們也常遇到奶味太重、味道太鹹等問題,在不斷地試作,最後挑選出了特別愛用的品牌:高梨奶油乳酪、四葉奶油乳酪。

⋈ 高梨奶油乳酪

這是我很愛用的奶油乳酪!清爽的起司香氣,滑順的口感,酸度與鹹度恰到好處,不會搶走甜點其他食材的風采,也不會吃起來索然無味。無論是做成奶醬、起司蛋糕、奶餡夾層都適合,堪稱萬用,是很令人滿意的品牌,也是貝克街起司系列產品的愛用原料。但是價格不便宜,在台灣很常遇到缺貨,不容易買到。

⋈ 四葉奶油乳酪

使用北海道十勝的乳源所製成,風味、口感、香氣都是頂級表現。就我個人而言,覺得四葉和高梨乳酪的表現不分上下,都非常美味。

—主廚的私房筆記—
各個品牌的加工技術不同,有些食譜用了他牌的奶油乳酪,可能會發生乳化失敗(油脂水分無法好好結合)的狀況,要特別注意。

不同品牌的奶油乳酪，口感、質地、香氣、酸鹹度都完全不一樣，彼此之間價差也很大。

57

水果

FRUIT

我並不打算推薦單獨的某種水果，因為水果的喜好是非常主觀的事。但我想針對為了做甜點而挑選水果時，應該要注意的事做分享。

►◄ 品質穩定性

　　新鮮水果會因為季節、氣候、土壤等影響，導致每年的香氣、甜度都不一樣。如果發現這次吃到的水果甜度和往常不同，就要在配方上適當地做變化。若是為了熬煮果醬、製作內餡，其實可以選擇冷凍水果，品質通常會比較穩定，但就不適合以新鮮水果的型態在甜點上呈現了。

►◄ 口感適合度

　　為何很少見到整塊新鮮綠芭樂出現在甜點上？因為芭樂的口感硬脆，放在蛋糕、塔類、千層或鬆餅上都不適合，但是口感偏軟的紅心芭樂就有被運用在甜點上。也就是說，如果要把整塊水果用來搭配甜點時，一定要考量到口感適不適合。

　　通常，越是硬脆的新鮮水果，越難跟甜點配合，例如芭樂、水梨等；柔軟多汁的水果相對比較受歡迎，例如草莓、水蜜桃、葡萄、香蕉等。

　　有些甜點會用切薄片、加熱等方式來為水果加工，讓水果與甜點間的口感不至於太過突兀，例如蘋果派使用的蘋果，有些師傅會切成薄片，有些師傅會將其加熱熬煮，創造出不同的口感。

►◄ 避免出水

有些新鮮水果的水分含量高，一被擠壓就容易出水，例如草莓；如果使用
新鮮草莓放在蛋糕夾層，過一段時間草莓開始出水，就會弄濕內餡和蛋糕體，
影響整體口感。所以，使用這類容易出水的新鮮水果來設計甜點時，一定要多
想想如何避免。例如使用新鮮草莓時，可以避免讓它承受太多重量，並在蛋糕
完成後盡快享用，以免放置太久導致出水。

►◄ 注意酸性水果

在一杯牛奶中擠入檸檬汁，會發現牛奶出現凝固的奶酪狀物質。雖然對健
康無害，但乳脂肪的聚集卻影響到與其他食材的乳化（油脂和水分的結合）。
這並不代表酸性水果與奶製品就是死對頭，只要調整好食譜（例如確保檸檬汁
的用量，不會多到讓乳製品凝固，但又能帶來風味），就能解決這問題。

►◄ 熬煮果醬

想要讓甜點呈現水果香氣時，若是直接添加新鮮果汁，容易造成甜點水分
太多，味道又不夠濃。這時候有個做法，就是將水果加熱濃縮成果醬。但高溫
會改變新鮮水果的味道，試想一下新鮮草莓和草莓醬、新鮮藍莓和藍莓醬，兩
者的味道是不是有差？果醬和新鮮水果有各自適合的甜點呈現方式，如果想要
加熱水果，別忘了高溫會影響水果風味。我有時候會在加熱濃縮和保持新鮮風
味之間抓個平衡，熬煮出味道相對濃郁，但又保有一定程度新鮮風味的果醬，
這是我很喜歡的做法！

►◄ 水果熟度

　　不同熟度的水果，也會呈現意想不到的效果。例如我們通常不會直接吃青香蕉，但青香蕉的味道清爽，做成香蕉口味的奶餡時別有一股清新風味。熟度恰到好處的香蕉口感飽滿有彈性，很適合切片和甜點直接搭配吃。至於偏熟的香蕉，味道最為濃郁，只需要少少的分量就能有濃厚的香氣和甜度。其他諸如芒果、鳳梨等都是會因為熟度不同，呈現不同風味、口感的水果。

　　其實，水果還有非常多的可能性與變化，但我挑選出自己在設計食譜時最常考量的六大點，希望對你有幫助。

新鮮水果可以為甜點增色，但請謹記前面分享的原則，才能讓你的甜點更有滋味。

香料 / 風味粉

SPICES

高中時某次的烘焙課，老師要我們做芋頭口味的麵包。我在料理檯上左顧右盼好久，也沒見到芋頭本人，這時老師拿出一個小瓶子說：「打麵團的時候，加一滴就好。記住，只要一滴喔！」

　　當時我心想，要做的麵團這麼大，一滴哪夠？所以我一口氣滴了三滴。老師在旁邊看到，急忙跑過來：「停停停！不是說一滴就夠了嗎！」在我還沒來得及反應過來前，整缸麵團就逐漸從漂亮的紫色，變成一坨瘀青的肉。後來有好一陣子，我都不太敢吃芋頭口味的產品。

　　長大後進入烘焙業，就完全不考慮使用化學香精了，但是想要改變甜點的口味時，一定需要認識天然的香料、風味粉。畢竟在家烘焙的樂趣之一，就是將食譜調整成各種不同的口味，所以挑選好的香料、風味粉更顯重要！

　　所以我挑出了一些常見的香料、風味粉以及推薦的品牌來介紹。

►◄ 可可粉

推薦品牌：可可巴芮、米歇爾柯茲、法芙娜

　　在前面介紹巧克力的篇幅中，提到可可漿可以分離出乾可可、可可脂，而可可粉就是由乾可可製成的。不過，可可粉也並非百分之百都是乾可可，它必須加一點可可脂，才能讓可可粉吃起來不至於過乾。

　　因為可可本身是酸性，吃起來很酸，所以一般我們買到的可可粉都會經過鹼化處理，味道比較溫和。同時可可有著 pH 值上升（變鹼性）就會顏色變深的特性，因此我們買到的可可粉，顏色通常比較偏深棕色。

　　可可粉也會吸水，如果想要把一般的蛋糕配方改版成巧克力口味時，通常會用可可粉取代部分的麵粉，以免太多的粉料把水都吸乾了。另外，可可粉無

法形成筋性，所以如果取代掉太多麵粉，可能會影響蛋糕的組織結構，這點也要注意。

　　不同巧克力品牌出產的可可粉，因為原料、技術的不同，香氣也會有些差別。可可巴芮的可可粉味道香濃，是很適合家庭烘焙的品牌，也是貝克街常用的品牌。米歇爾柯茲、法芙娜的可可粉，從香氣到價格都和其他品牌有明顯的差距，如果預算充足，想要製作可可粉占比高的甜點，很推薦試試看！

使用可可粉時，別忘了它的吸水性，要小心食譜配方的比例分配。

►◄ 香草莢

推薦品牌：晴洋行

香草莢的正確名稱是「香莢蘭」，不過通常直接被稱作香草。

香草莢的香氣，來自於足夠的熟度、良好的保存。晴洋行在香草莢的供應上品質穩定，購買也很方便，是我喜歡購買他家產品的原因。

因為香草莢價格昂貴，香氣讓人著迷，所以我特別在〈LESSON8 主廚親授魔鬼細節〉說明香草莢的挑選與保存。

►◄ 抹茶粉

推薦品牌：小山園、一保堂

我在授課時最常被問的問題之一，就是「老師，這款食譜可以改成抹茶口味嗎？」

在將蛋糕改成抹茶口味時，要注意抹茶粉的吸水性比麵粉強，所以後續的食譜需要添加多一點點水分。而且抹茶粉的顆粒細緻，一碰到水就會結塊，製作時，通常得先將抹茶粉用一點熱牛奶混成抹茶膏，這樣就不容易結塊了！

貝克街常用的抹茶粉品牌是「小山園」，因為品質穩定，特別喜愛它的抹茶風味。它的抹茶粉並非專門設計給烘焙用，烤後也容易變色，但是因為味道很好，很適合作成醬餡！我們使用的是「若竹」這個等級，如果有興趣也可以嘗試其他等級，看你自己喜歡哪種味道。

抹茶粉應該要有全鋁箔材質包裝，才能防止因日曬導致氧化。如果發現抹茶粉的顏色綠中帶褐、顏色黯淡，很可能就是已經氧化，風味、色澤都會變差。

►◄ 茶葉、茶粉

推薦品牌：自己喜歡最重要

　　想要讓甜點帶有茶香時，可以利用茶葉或茶粉。例如熬煮有茶香的鮮奶油來做奶醬，或是用茶液代替部分的水分。但是，茶葉的口感比較粗，萃取出茶香後記得要過篩掉茶葉，吃的時候才不會刺嘴。也可以用咖啡研磨機打碎茶葉，變細碎的茶葉會更強烈地釋放香氣，只需要少少量就可以讓茶香爆發。市面上也有販售足夠細碎的茶粉，可以直接混入蛋糕麵糊，或是塔皮麵團中。

　　至於品牌上，挑選自己喜歡的茶葉、茶粉就好。但要注意的是，茶粉的吸水性較高，使用時，需要替換掉一部分的麵粉。

►◄ 肉桂粉

推薦品牌：日本 Gaban、越南清華、法國 Terre Exotique 錫蘭

　　不同的肉桂粉，風味特性自然不同，喜愛肉桂的人，可以先買少量，測試跟自己的甜點是否搭配。貝克街愛用的肉桂粉品牌則有下列幾款：

- 日本 Gaban 肉桂粉：辣味比較溫和，屬於大家熟悉的肉桂香氣。
- 越南清華肉桂粉：有著濃厚的肉桂味，辛辣味比較重之外，香氣也比較持久。很適合熱愛肉桂味的人。
- 法國 Terre Exotique 錫蘭肉桂粉：個人覺得是三者中味道最溫和的肉桂粉。

►◄ 新鮮香草 / 食用花

推薦品牌：花市 / 自己種植

　　這邊講的香草，包含了薄荷、檸檬馬鞭草、甜菊、迷迭香等可食用香草。這類香草除了直接當裝飾外，也可以跟鮮奶油一起熬煮，悶出香氣濾掉渣，製成帶有香氣的奶醬產品。

　　食用花，包含玫瑰、茉莉花等，除了直接當裝飾外，也有師傅會把食用花做成醬，讓味道更突出。玫瑰花的部分，我會直接跟花農購買有機玫瑰花瓣或是玫瑰花醬。但是不論何者，記得都要挑選有機的。

選用新鮮香草時，請以有機為優先。

吉利丁
GELATIN

吉利丁能夠融入液體中，在冷卻後凝固變成凍狀，是個神奇的東西。但剛開始接觸甜點時，我對吉利丁的印象很差。因為在記憶中吃到含有吉利丁的東西，幾乎都有很重的凝膠感，口感很假，甚至會有很臭的腥味！

　　隨著對甜點認識更多，才知道原來只是對吉利丁的運用不夠正確，例如用量太多，或是使用了品質不佳的吉利丁。

　　那麼，該如何挑選品質較好的吉利丁片呢？

►◄ 挑選方法

　　吉利丁是用動物膠質製成，難免會夾有雜質，因此要盡量挑選乾淨透明的吉利丁片。如果吉利丁片的顏色看起來很黃，泡水後出現臭味，就代表品質差、有問題，不建議使用。

　　以我常用的品牌：愛唯金級吉利丁片來看，需要多片堆疊在一起才會有偏黃的色澤，泡水後是完全透明、無色無味。看到這，如果你對吉利丁不熟悉，可能會閃過這樣的疑問：「吉利丁還有分等級？」

　　是的，吉利丁有分鉑金級、金級、銀級、銅級等，這不是噱頭，而是指凝固力的區別。金級是多數甜點師常用的等級，如果你手上的食譜沒有特別要求吉利丁的等級，通常選購金級會比較保險！

　　想要知道吉利丁的凝固力，也可以看包裝上是否有標記 Bloom 值——數字越高，代表凝固力越強。製作甜點常用的金級吉利丁片為 200 Bloom 左右，銀級則大約是 170 Bloom。不過，就算同樣是金級，不同廠牌的製作技術，也會影響到凝固力，所以固定購買同一牌子的吉利丁片會比較保險。

►◄ 使用技巧

　　吉利丁片需要泡軟後才能跟其他食材混合，在泡之前，要把吉利丁剪成小片，並用吉利丁：冰水＝1：6的比例，將吉利丁泡軟。注意要先放水，再將吉利丁一片一片地泡入，以免堆疊處吸不到水。建議1：6的比例，是因為吉利丁會吸水，如果水放太多，讓吉利丁吸了太多水，加進甜點時，水分就會過多。如果只是製作小分量的甜點，影響不至於太明顯，但如果吉利丁用量大的甜點，就要小心吸水過量的問題。貝克街在這方面一定會要求師傅要確實秤重，避免意外發生。

　　至於要求使用冰水，是因為溫度稍高時吉利丁就會開始融化，融化到溫水中，使用前就無法擰乾多餘水分了。

　　吉利丁在常溫水（25～30℃）就會開始化開，在40℃的溫水中會完全融化，但超過80℃成分被會破壞，降低凝固力。也因此使用吉利丁時，不會有連著吉利丁一起加熱熬煮的動作。

吉利丁的使用要小心，以免影響後續的成品口感。

►◄ 吉利丁粉與吉利丁片

　　吉利丁粉和吉利丁片一樣有金級、銀級之分，也可以參考 Bloom 值來看凝固力。正常情形下，金級的吉利丁片可以用金級的吉利丁粉替換，重量也是等量替換即可。吉利丁粉一樣得先泡開才能使用，有些師傅會一次泡好大量的吉利丁粉，拿去冷藏凝固，需要時再挖取使用，比較省事方便。也有即溶的吉利丁粉，可以不用泡開就直接使用，更加方便，但使用時需要考量食材會被吉利丁粉吸走的水分。

►◄ 素食的吉利 T／其他凝結劑

　　吉利丁片、吉利丁粉都是以動物膠質製成，吃素的人無法食用。這時，就可以用吉利 T 來替代，通常使用量跟吉利丁一樣，等比替換即可。吉利 T 是用海藻膠、植物膠（蒟蒻等）混合不同比例調配出來的粉，不同的食譜會呈現不同的口感。

　　不過我極少使用吉利 T。因為目前的吉利 T，做不出跟使用吉利丁一樣的口感。吉利 T 的口感相對比較硬、脆，和甜點搭配時，口感其實不搭，使用吉利 T 前記得要注意到這點。不過，近年有些廠商技術逐漸突破，例如達克的素食吉利丁粉（海藻原料），品卉實測後發現做成慕斯口感相當不錯，比較沒有一般吉利 T 的脆感。

小蘇打粉

BAKING SODA

小蘇打粉的學名是碳酸氫鈉，聽起來很化學，但目前的科學已證實，烘焙用的小蘇打粉對人體完全無害。

小蘇打粉會釋放氣體（二氧化碳），所以在烘烤時，可以讓甜點膨脹，帶來膨鬆的口感。它有下列幾個特性：

① 屬於鹼性物質，可以中和巧克力的酸性，並讓巧克力色澤變深。

② 遇水會釋放氣體。

③ 遇高溫會猛烈釋放氣體。

④ 遇酸性物質會更完整地釋放氣體。

其中會釋放二氧化碳的特色，在烘烤時可以讓蛋糕、餅乾膨脹，帶來膨鬆的口感。

在製作巧克力蛋糕時，常會使用小蘇打粉來幫助蛋糕膨脹。因為巧克力屬於酸性，蛋糕中又有水分，烘烤時需要高溫，而且鹼性的小蘇打粉能中和巧克力的酸味並讓巧克力顏色變深。如果蛋糕中沒有酸性材料，卻添加了小蘇打粉的話，就會出現鹼味，膨脹力道相對比較弱。

有些巧克力蛋糕只有使用可可粉，沒有用到巧克力，這種蛋糕就不會用小蘇打粉，而是泡打粉。因為可可粉通常都經過鹼化處理，所以為中性，未鹼化的可可粉顏色偏紅，味道非常酸。

既然小蘇打粉適合含有酸性材料的食譜，那有沒有萬用的膨脹劑呢？有的，就是前面提到的泡打粉。

泡打粉的成分其實非常單純，就是小蘇打粉＋酸性物質（通常是塔塔粉）＋玉米粉（防潮用）混合。因為自身就帶有酸性物質，所以能提供足夠的膨脹力道。

但這並不代表小蘇打粉就沒用了。例如〈LESSON3 綠玉皇冠〉的古典巧克力蛋糕，如果改成用泡打粉，就失去了讓巧克力酸鹼中和的效果，會讓蛋糕成品的可可酸味變得明顯，顏色也會相對比較淺。

　　最後，小蘇打粉有食用、工業用、清潔用之分。烘焙用的小蘇打粉 pH 值約 8.1，屬於弱鹼性；工業用的小蘇打粉 pH 值則高達 11.8，直接碰觸皮膚會造成刺激感，主要是作為清潔使用。記得一定要購買食用級的小蘇打粉，只要在正規的烘焙材料行、大賣場購買食品級小蘇打粉，基本上就不容易出問題！

75

備工具

稱手的工具,能讓你感覺宛若身體的延伸,

讓食材在料理桌上隨你號令起舞。

刮刀
SCRAPER

刮刀是做甜點時的必備工具，帶有柔韌度的矽膠材質刀鋒可以服貼在鋼盆，刮下盆中的麵糊。刮刀前端的寬扁設計，可以用來攪拌食材，無論是翻拌麵糊、攪拌奶醬、壓拌餅乾麵團等，都非常方便。不過，多數的烘焙新手一進入烘焙材料行，經常會被整排陳列的刮刀嚇一跳：居然有這麼多種刮刀！所以我想介紹一下，在家烘焙甜點時使用最廣泛的刮刀款式。

►◄ 耐熱刮刀

大：長約 34cm

小：長約 26～27cm

可以耐超過 200℃高熱的刮刀，在製作焦糖、果醬等較高溫的產品時非常重要！如果使用一般的刮刀，會因為高溫釋出有毒物質，不僅傷身體，還很容易造成產品損壞，所以耐熱刮刀是家庭烘焙的必備品，至少要有一把。耐熱刮刀的包裝都會註明可以耐受的最高溫度，建議要選擇至少能耐 200℃以上高溫的款式。另外要注意，耐熱刮刀會因為材質的不同，而讓手感比較重且硬，也就不易將容器的邊緣、角落刮乾淨，所以不能完全取代一般刮刀。耐熱刮刀也有尺寸之分，但一般在家做烘焙，熬煮高溫產品時，使用長約 26 公分左右的刮刀就夠了。

少部分的耐熱刮刀，雖然刀身大小相同，但握把卻比較長，這是為了配合一些比較深的鍋子，握把長一點比較不容易燙到手。只是握把越長，在操作上也越不方便，還是要斟酌考量。一般來說，握把長度 17cm 左右的刮刀就很夠了。至於品牌上，我個人偏好 Cakeland 這個牌子，因為它的軟硬度適中，使用上比較順手，顏色選擇也多，而且很容易買得到。

►◄ 一般刮刀

迷你刮刀：長約 15.2cm ／刮板長 × 寬（6.5×2.5cm）
小刮刀：長約 24cm ／刮板長 × 寬（9×5cm）
中刮刀：長約 34.5cm ／刮板長 × 寬（11×7cm）
大刮刀：長約 42cm ／刮板長 × 寬（11.4×7cm）

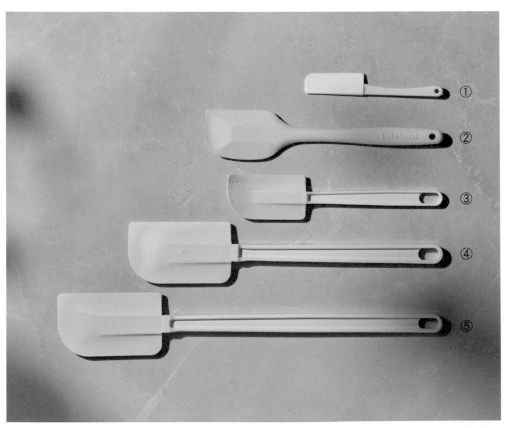

由上至下順序為：①迷你刮刀、②小耐熱刮刀、③小刮刀、④中刮刀、⑤大刮刀。

⋈ 迷你刮刀

用在極小分量的容器，例如迷你量杯、布丁杯等，一般刮刀伸不進去時，就是迷你刮刀出場的時候了。特殊設計的刀身特別容易貼著小型容器的內壁，把食材刮乾淨。雖然並非必備，但有的話會很方便！

⋈ 小刮刀

家庭烘焙必備，我們的建議是至少要有兩、三把，因為秤料、製作麵糊、分裝醬料等動作都會用到，如果只有一把刮刀，就需要來回跑洗手槽清洗，非常麻煩。刮刀其實也是消耗品，大約一兩年就要汰換，長久下來也很容易卡髒汙，過度使用容易造成健康疑慮。

⋈ 中刮刀

家庭烘焙偶爾用到，搭配比較大的鋼盆、立式攪拌機的攪拌缸都很好用。其實一般小刮刀已經很足夠，真的經常大分量的做烘焙，經常分送給鄰居同事的人，可以考慮購買一把中刮刀。

⋈ 大刮刀

家庭烘焙比較用不到，但工廠用的大攪拌缸就會需要這種大刮刀。

抹刀

SPATULA

抹刀的用途真的太多了。塗抹蛋糕內餡、甜點造型的細修、鮮奶油蛋糕的抹面、輔助脫膜或是協助移動甜點等等，抹刀在甜點世界可以說是無所不在的萬用小幫手。而隨著用途不同，抹刀也有分很多尺寸，一般來說最常見的就是大、中、小這三種尺寸了。

抹刀看似簡單，其實各有特色，以下讓我們來分享。

▶◀ 小抹刀

尺寸：長約 20 ～ 24cm（4 ～ 5 吋）

小抹刀也叫抹餡匙，不管是蛋糕的小分量抹餡、造型的細修調整、攪拌材料時，都非常方便。因為刀身比較短，不容易有頭重握柄輕、彈性不佳等問題。品牌選擇上，挑選手感合適的款式就好，例如台灣的烘焙大廠牌：三能，就是很好的選擇。小抹刀的用途極廣，建議家中常備至少 2 支，平時用來幫吐司塗抹奶油也很方便。

▶◀ 六吋抹刀

尺寸：長約 27cm（6 吋）

這尺寸的抹刀比較不常被用到，因為拿來抹 6、7 吋的蛋糕會覺得短；靈活度也不像小抹刀（抹餡匙）那樣好用，但是很適合拿來抹 4 吋左右的小蛋糕。

▶◀ 中抹刀

尺寸：長約 29 ～ 35cm（8 ～ 9 吋）

　　常用於鮮奶油蛋糕的抹面、鋪平蛋糕內餡等，大多用在 6 吋左右的蛋糕。家庭烘焙建議至少準備一把，要輔助移動甜點時也比較方便！尤其中型抹刀常用在一些需要技巧的動作（例如抹平鮮奶油），所以挑選一把合適手感的抹刀上特別重要。我有一把特別愛用的抹刀，是品卉從日本買回來的，雖然沒有品牌，但我可以分享它讓我們覺得好用的原因，這也是你未來挑選抹刀時可以參考的細節。

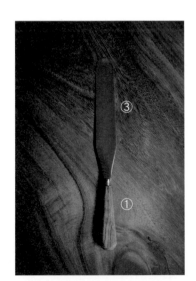

　　1 握柄：木製的握柄達到足夠的止滑效果，實心的手感沉穩，粗細度剛剛好，不會過粗或太細導致不方便施力。

　　2 重量：刀頭不可以太重，這點很重要！因為抹平鮮奶油的動作，特別追求抹刀要平穩，如果抹刀重心在刀頭，就會比較難控制。例如這把抹刀，在接近握柄的地方特別做加厚處理，讓抹刀更穩固、不容易晃動之外，也讓整體重量更平均，可以讓抹刀輕鬆地保持平穩。

　　3 寬度：抹刀的寬度是否均一？有些抹刀會帶點梯形，但這跟個人習慣有關，我自己覺得平抹刀比較好上手。

　　4 硬度與彈性：這部分也是看個人喜好，我自己喜歡偏硬，但又不至於太硬的抹刀，在使用時手感比較穩，不容易晃動。

►◄ 大抹刀

尺寸：長約 38cm 以上（10 吋）

　　一般家庭烘焙很少會用到，其實是不需要特意購買，但是用來輔助移動大蛋糕或大條蛋糕捲時很好用。雖然也可以用來抹 8 吋以上的大蛋糕，但還是一句話，在家可完成的烘焙極少機會烤這麼大的蛋糕。

由上至下順序為：①小抹刀、②六吋抹刀、③中抹刀（約9吋）、④中抹刀（約8吋）、⑤大抹刀。

彎角抹刀

CURVED SPATULA

彎角抹刀和一般抹刀不一樣的地方，在於 L 形的彎角，所以也被稱做 L 形抹刀。我第一次看到這種抹刀時，還以為這是剷披薩用的。

　　彎角抹刀經常被用來抹平蛋糕內餡、蛋糕麵糊，例如裝在平盤模具內的蛋糕麵糊，用一般的直抹刀根本伸不進去，這時就必須使用彎角抹刀了。

　　彎角抹刀不能完全取代一般抹刀，例如要在蛋糕側面抹上鮮奶油時，就比較不方便了，但很適合用來剷起蛋糕、塔等甜點，有把合適的彎角抹刀，對於在家烘焙而言會方便很多！以下介紹三種尺寸的彎角抹刀。

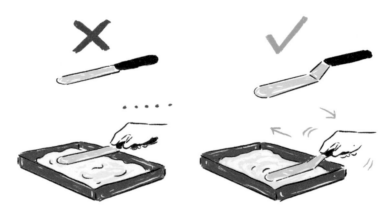

一般抹刀會卡住，使用彎角抹刀就可以無礙暢行了。

◄◄ 大彎角抹刀

尺寸：長約 43cm 以上（9 ～ 10 吋）

　　通常是用來抹平很大盤的麵糊，或是剷起大蛋糕、整條蛋糕捲等。因為尺寸較長，刀頭部分容易晃動，在抹平麵糊時需要搭配熟練的動作。以家庭烘焙而言，並不是必備的基本工具，因為極少人會在家做這麼大的蛋糕，但如果常做蛋糕捲，需要可以移動蛋糕捲的工具，大把彎角抹刀還是很方便的！

▶◀ 中彎角抹刀

尺寸：長約 35 ～ 37 公分（8 吋）

　　在家烘焙時，無論是抹內餡、抹蛋糕麵糊、剷起甜點等都很萬用，建議家中至少要有一把。挑選原則和一般抹刀大致相同，但特別要注意重量平衡、握把舒適度；如果握把很輕、刀頭很重，對初學者而言通常比較難上手。例如雙人牌的中型彎角抹刀，刀身輕，握把與刀身重量均衡，握把握起來手感舒適性極佳，就是我個人很喜歡的品牌。

▶◀ 小彎角抹刀

尺寸：長約 21 公分（4 ～ 5 吋）

　　這種小尺寸的抹刀，通常是用來抹平小顆蛋糕的內餡。甜點不一定只有 6 吋蛋糕，現在也有很多走精緻小巧風格的甜點，這時就會用到小把的彎角抹刀。以家庭烘焙來講，大多數情形下是可以用一般的小抹刀代替，但家中若能準備一把小彎角抹刀，還是挺方便的。我個人特別喜歡六協這個牌子，因為大小剛好，握把的止滑性極佳，靠近握把的刀片部分還有稍微加粗處理，讓重量分布更平均。

依據需求，選擇正確大小的抹刀，在操作上會輕鬆許多。

打 蛋 器

WHISK

打蛋器通常用於攪拌、混勻或打發（把空氣打進去，讓食材膨脹）上，根據不同的需求，會再分成不同材質、鋼線數量、鋼線形狀和尺寸。以下我們特別挑出在家做烘焙，比較常用到的打蛋器。

▶◀ 矽膠耐熱打蛋器

尺寸：長約 30cm ／鋼線數：16

　　有些甜點會使用到大量檸檬，或是其他偏酸的材料，而酸會讓不鏽鋼釋放出鐵鏽味，這也是為什麼有些檸檬塔會帶點鐵鏽味的原因。如果想做檸檬類產品，又很在意鐵鏽味的話，建議選用這種矽膠材質的耐熱打蛋器，上面包覆的耐熱塗層可以防止鏽味產生。注意過程中使用的盆子、裝甜點的容器也要避開不鏽鋼材質，否則一樣會有鐵鏽味。

▶◀ 小打蛋器

尺寸：長約 22cm ／鋼線數：12

　　偶爾，我們就是會需要製作極小分量的內餡，例如使用 500cc 的量杯時，一般的打蛋器很難伸進去，這時候就輪到小打蛋器大顯身手了。一般來說，小打蛋器不太會被拿來打發，主要是做小分量的攪拌、混勻動作，所以挑選手感合適的款式就好。例如三能的小打蛋器，品質穩定、價格相對親切，使用體驗也不錯。以家庭烘焙而言，雖然不一定每次做甜點都會用到，但還是建議有一把備用，有時在家做菜也會使用到！

▶◀ 線型打蛋器

尺寸：長約 28cm ／鋼線數：12

這是最經典的打蛋器，無論是攪拌食材、混勻材料、把雞蛋或鮮奶油打發都派得上用場，一般的家庭烘焙至少要準備一把。28 公分的長度，剛好適用於絕大多數的家用烘焙分量。

打蛋器太大把，碰上小分量的材料時反而不容易拌勻。我特別推薦法國 MATFER 的打蛋器，因為它的握把輕盈 Ⓐ，在製作需要長時間攪拌（例如需要充分攪拌乳化的甘奈許）的甜點時，比較舒適。對了，這牌子的打蛋器在握柄處鋼線 Ⓑ 比較穩固，做快速打發動作時不容易斷裂。

雖然握柄處的鋼線很牢固，但在頂端的鋼線 Ⓒ 卻有著良好的彈性，可以服貼於鋼盆邊緣，做左右來回的打蛋動作也會因為工具本身的彈性而感覺到更省力。當你在挑選打蛋器時，建議從握把舒適度、鋼線穩固程度、鋼線彈性這些重點去挑選！

要注意的是，線型打蛋器有鋼線數量之分。貝克街用的是 12 條鋼線的款式，另外還有鋼線數量更多的款式。鋼線數量越多，通常越能夠快速有效地打入空氣，打發的氣泡也會更細緻穩定。不過，在製作需要避免空氣拌入的奶醬（例如巧克力甘奈許醬）時，就要特別小心了。另外，因為鋼線多，打蛋器的重量會更重，因為鋼線比較密集，攪拌時食材會卡在鋼線間，整體手感也會比較硬、沒有彈性。

從上面這些特點可以看出，16 條鋼線打蛋器是專門針對打發而設計的工具，但其實現在電動打蛋器已經非常普及，除非食譜有特別需求，否則一般 12 條鋼線的打蛋器，已經可以應付絕大多數的狀況了。

▶◀ 波浪打蛋器

尺寸：長約 30cm ／鋼線數：16

　　特殊的波浪設計可以在攪拌時，帶入更多空氣，讓食材更容易被打發。不過，若是製作不想要氣泡的醬料（例如巧克力甘奈許醬），就不適合這種打蛋器！以家庭烘焙而言並非必要的工具。

由左至右依序為：①矽膠耐熱打蛋器、②小打蛋器、③線型打蛋器、④波浪打蛋器。

刀

KNIFE

人類在距今大約兩百五十萬年前的石器時代，就開始使用黑曜石、石英石等礦石做成刀具，無論是用於好或壞，刀子悠久的歷史陪伴人類無數個歲月。

而在烘焙的世界裡，刀子可用來處理食材、切割蛋糕、戳破甜點氣泡或是幫甜點造型細修等，用途非常廣泛。不過，並非隨便一把刀子就可以完成所有的事，就像生魚片師傅有專門的生魚片刀組一樣，不同的甜點有時也會需要不同的刀子。這邊介紹幾種做甜點常用的刀子：

►◄ 水果刀

尺寸：長約 20.5cm

其實，就是一般家庭都會有的水果刀，切蘋果、奇異果、芭樂或者百香果……都很好用的那把水果刀。水果刀尺寸小巧，最適合用來處理甜點需要的食材，例如切香草莢並刮出香草籽、切水果、切下小分量的奶油等，而它的刀尖也可以用來戳破麵糊氣泡、點金箔等造型細修。如果要講選購原則，只有一個：使用自己習慣的水果刀就好！

►◄ 牛刀

尺寸：長約 36.5cm

這是指比較大把，刀刃厚實且直的刀，切磅蛋糕、大塊奶油、蛋糕捲、餅乾麵團等很好用。切蛋糕的時候，最好用劃刀的方式，這樣刀子才不容易沾上太多內餡，黏得到處都是並影響蛋糕切面。以家庭烘焙而言，一般家中常備形狀差不多的料理刀具，其實都可以取代牛刀。但若是要切大片的餅乾麵團時，大一點的刀確實會比較方便。

▶◀ 鋸齒刀

鋸齒刀的粗細不同，需要視情況來使用。

尺寸：長約 40cm

　　想要切割海綿蛋糕、戚風蛋糕這類充滿彈性又膨鬆的蛋糕體時，如果使用一般的菜刀直接切，會擠壓到蛋糕，導致蛋糕的形體被扯壞。其實應該用「鋸」的，所以這時就得用上鋸齒刀了。鋸齒刀也很適合切番茄、柿子之類，外層有表皮但偏軟又多汁的食材，因為刀刃上的鋸齒可以固定住食材，來回鋸動的切割方式也能輕鬆破壞物體。

　　因為是家庭烘焙，蛋糕尺寸通常不會太大，大約在 6 吋左右，所以選擇 27cm 左右的刀身就很夠了！

　　鋸齒刀有粗鋸齒、細鋸齒的分別。鋸齒越粗，前後拉動的距離就需要越大，鋸開蛋糕的速度越快。有些蛋糕比較容易掉碎屑，或者是比較小尺寸的甜點，不適合鋸太大的動作時，就需要用細鋸齒刀。LESSON4 有分享如何切出漂亮的蛋糕切片，大家可以詳閱！對於剛入門烘焙界的新手，鋸齒刀並非絕對必需品，依照食譜需求再添購就好。

　　貝克街習慣使用雙人牌的鋸齒刀（P.97 圖④），它刀身刀柄的設計很穩定，在切的過程中不容易晃動。

由上至下依序為：①水果刀、②牛刀、③鋸齒刀、④鋸齒刀、⑤西點刀。

►◄ 西點刀

尺寸：長約 48.5cm

　　西點刀是特別設計用來切西點、麵包的刀具，特色是大把且厚實、挺直，有分鋸齒狀與平刃狀。在分切蛋糕、麵團、麵包時特別好用，畢竟它是為了切割西點而設計的。雖然，西點刀對於居家烘焙而言不是絕對需要的必備品，但如果你常做烘焙、經常需要切蛋糕的話，可以考慮添購一把！對了，牛刀、西點刀的名稱有時會混用，這時看形狀來判斷用途就好。

篩網

SIEVE

篩網是製作甜點時不可缺的必要工具，因為甜點經常要用到低筋麵粉，而麵粉又容易受潮結塊，所以在做蛋糕前一定要將低筋麵粉過篩。當然，篩網不只是用來過篩粉料而已，也可以篩醬料或麵糊，甚至可以利用篩網磨碎一些食材。除了有各種尺寸，篩網會依目數（篩網洞的粗細度）、有無握把來區分款式，都有各自的用途！

　　以下，想先從目數開始介紹。所謂的目數，指的就是 1 平方吋（1 英吋 × 1 英吋的面積）中，有幾個篩孔。目數越大，代表孔洞越密集，也就代表這篩網越細密。有些商家習慣用每個孔洞的公釐數來表示。孔洞約 1.9 mm 以上為粗篩網、孔洞約 0.9 ～ 1.1 mm 為細篩網。

▶◀ 粗篩網

目數：12 以下（篩杏仁粉常用 8 ～ 12 目）

　　做甜點常用的粗篩網，可以用來過篩比較粗的粉料，例如杏仁粉。如果用細篩網去篩杏仁粉，會發現只有少部分的細杏仁粉能被篩下去，卡在篩網上面的剩餘（較粗）杏仁粉幾乎被浪費掉。但是，也不能用蠻力硬把粗杏仁粉過篩，因為杏仁粉含有油脂，用細篩網強制過篩的話是會壓出油脂的。

　　當然，你若是真的用細篩網篩出的杏仁粉做甜點，會發現口感特別細緻，只是這樣真的很浪費，通常不建議這麼做。

　　前面說到粗篩網也可以磨碎較粗的食材，例如想要自製紅豆餡時，就需要先用粗篩網篩過，才可以再用細篩網細篩。家庭烘焙使用到粗篩網的機會比較少，除非食譜有特別需求，否則不必特地購買。

►◄ 細篩網

目數：20 ～ 24（篩粉時常用的目數）

　　細篩網主要用來過篩麵粉、可可
粉、小蘇打粉、糖粉等比較細小的粉
料。也可以過篩醬料，例如巧克力甘奈
許醬、卡士達醬。因為濾掉其中的雜
質，口感才能細緻，所以是做甜點時必
須用到的基本工具。

►◄ 圓形篩網

尺寸：直徑 21cm

　　圓形篩網同樣分很多尺寸，以家用烘焙而言，直徑 21cm 的大小就很足
夠。不過，一般的家庭烘焙不會做到太大分量的過篩，有柄篩網就很堪用了，
較少有非得使用圓形篩網的狀況。真的需要使用圓形篩網時，建議找能跟現有
鋼盆大小搭配，可以直接搭在鋼盆上的篩網，使用上更方便！

►◄ 有柄篩網

大：直徑約 18cm

小：直徑約 10cm

　　附有握把的篩網，建議購買有鉤耳
設計，可以直接架在鋼盆上的款式，

這樣就能直接在鋼盆和篩網上秤料。直徑 18cm 的大篩網，可以過篩製作蛋糕需用的麵粉，一般家庭烘焙大小的蛋糕應該非常夠用。以居家烘焙而言，建議至少常備一把。在使用時，一手抓著握把，用篩網敲擊另一隻手虎口下方的位置，就能有效率地過篩麵粉。至於，直徑 10cm 的小篩網，通常是過篩極小量的粉或是撒裝飾糖粉。以居家烘焙而言，建議至少常備兩把。

如果是要撒糖粉，會用小篩網，訣竅一樣是撞擊篩網，但小篩網要用手指敲，這樣力道才不會過大，能夠更精準控制篩粉量。

無論是哪種篩網，都建議先過篩乾的粉料，最後才來過篩濕的食材（例如麵糊）。因為篩網清洗完後需要完全晾乾才能使用，而密集的孔洞設計很難快速變乾，若沒有想好使用順序，器具又有限的話，極可能會出現需要用篩網時，篩網卻濕漉漉未乾的窘境。

過篩時，用虎口下方敲，效率比較快；灑糖粉時需要精準控制篩粉量，所以用手指輕敲。

量杯

MEASURING CUP

量杯的好用之處，在於它的寬口設計、直桶形狀，無論是秤料、清洗或是用來打發都非常方便。而量杯的尺寸是以 cc 數為單位，不同大小的量杯有各自不同的功用，此外量杯也有材質的差異，以下一併來介紹。

►◄ 塑膠量杯

容量：大 1000cc／中 500 cc／小 250 cc

　　便宜好用，可以堆疊收納，壞了也完全不心疼，這就是塑膠量杯。

　　貝克街也是使用塑膠量杯居多，但是塑膠量杯不能加熱，導熱效果也比較差，而且因為是塑膠材質，碰到氣味重的食物，就可能會有殘餘味道，不容易清洗掉。一些顏色重的食材，可能也會讓塑膠量杯染色，例如食用色素、抹茶粉等。塑膠量杯大約使用個一兩年就可以汰換，用太久的話還是會有衛生疑慮（建議選擇 L 形握把，而非框形握把，這樣才能順利堆疊收納。）

⋈ 1000cc 量杯

　　可以用來秤料，也很適合打發鮮奶油、打發蛋白。

　　我剛開始做甜點時，曾想著用 500cc 的量杯裝 200g 的蛋白，整整多留了一倍的空間，應該非常夠吧！結果事實證明，我想得太美了，才打發到一半，蛋白就整個滿出來，當下只好趕緊找再大一點的量杯換上。

　　因為鮮奶油、蛋白打發後會膨脹很多倍，如果超過量杯的 1/5（1000cc 量杯的話，極限約 200 ～ 250g），就要小心可能會滿出來！但若只是打發奶油的話，因為奶油不會膨脹太多，就不必擔心這問題。1000cc 量杯容量夠大，架上有柄的小篩網直接秤料，可以節省不少時間。家庭烘焙很常用，建議至少準備 2 ～ 3 個！

⋈ 500cc 量杯

家庭烘焙常用尺寸，可以用來秤料、打發小量鮮奶油或蛋白等。使用概念和 1000cc 量杯一樣，若是要打發鮮奶油、蛋白，建議不要超過量杯的 1/5。以 500cc 量杯而言，要打發超過 100g 的鮮奶油或蛋白，就得要考慮考慮。

但是因為一般家庭烘焙分量都不大，500cc 量杯其實很常用到，屬於必備品，建議至少準備兩到三個。

⋈ 250cc 量杯

秤小分量的材料會用到，但也可以用小布丁杯之類的容器來代替。有的話當然很方便，但是沒有也沒關係。極少機會用這樣小的量杯打發食材，因為真的太小了。

►◄ 不鏽鋼量杯

容量：大 1000cc ／中 500 cc

不鏽鋼的特色是具備良好導熱性能，無論是加熱或降溫都可以快速達成。所以不鏽鋼杯可以用來加熱小分量的液體（但要小心燙手！），或者是在打發小分量鮮奶油時，可以用不鏽鋼量杯隔著冰水，降溫效果比較好。

但是，不建議用不鏽鋼量杯熬煮焦糖，因為量杯通常比較薄，一不小心就會把砂糖煮出焦臭味，此外，量杯的形狀也不方便熬煮高溫物體，不僅攪拌不易均勻還容易燙手。

不鏽鋼材質在接觸酸性材料（例如檸檬汁）的時候，會因為酸而釋放出鐵鏽味，一定要注意。雖然不是家庭烘焙的必備工具，但是如果可以常備一個 500cc 或 1000cc 的不鏽鋼量杯，會很方便。

►◄ 玻璃量杯

　　玻璃材質的最大優點應該就是外表美觀了，毛細孔極細，不容易染色、沾染食物味道。但是它的導熱效果就普普通通，一般來說，不太會將玻璃量杯拿來加熱，即使要降溫，效率也不快，而且還要小心容易摔破。

　　但玻璃量杯依然很受大家的喜愛，因為滿多人對塑膠材質很介意，不希望塑膠碰觸到食物，這時他們就會選擇用玻璃量杯。

漂亮的玻璃材質深獲許多人的喜愛。

厚底鍋

POT

製作甜點時，偶爾會碰到需要熬煮的步驟，例如煮焦糖、卡士達醬、果醬、泡芙麵團等。熬煮的時候，特別忌諱讓食材突然碰觸到高溫，因為瞬間的高溫容易讓食材出現焦臭味！要避免這種狀況，就得使用底部較厚的鍋子。很多新手煮焦糖、奶醬經常失敗，只要換成厚底鍋，成功率就會提升不少。

貝克街在烘焙時，特別要求鹹食器具和甜點器具必須分開，因為這樣才能確保不會互相擾味。只是厚底鍋的價格並不便宜，如果只是在家烘焙的話，一般的湯鍋就可以應付多數食譜需求了。除非你的湯鍋剛煮過味道非常重的料理，否則只要清洗乾淨，其實對味道影響並不大。

請注意，做甜點的厚底鍋，底部要厚且平整才好操作。例如測試蛋奶醬濃稠度時，會用刮刀刮開醬料，看醬料流動、合起的速度，速度越慢代表越濃稠。如果鍋底不平整，就無法這樣子檢查了。厚底鍋最好可以有握把，例如做古典巧克力蛋糕時，就可以將熱好的奶液一邊倒入麵糊中，一邊攪拌。

做甜點的厚底鍋，直徑大約是 19.5cm，這也是一般小家庭的湯鍋大小！但既然是居家烘焙，有時會碰到只需要熬煮一點點牛奶的食譜，這時如果用太大的鍋子，因為受熱面積擴大，容易蒸發、耗損掉太多水分。碰到這狀況時，可以多秤點牛奶作耗損，或者選擇用小一點的厚底鍋。

要購買小厚底鍋的話，我個人非常喜歡無印良品的 16cm 厚底鍋，很適合小分量加熱！若只是要加熱牛奶，其實也可以用不鏽鋼杯，但如果是想要做小分量的焦糖，就還是得用到厚底鍋。小厚底鍋並非家庭烘焙必備，但有的話會方便許多。

手持電動打蛋器

ELECTRIC EGG BEATER

自從 1919 年俄亥俄州的工程師 Herbert Johnson 發明出第一款電動立式攪拌機後，經過一個世紀，現在電動打蛋器已經演化出非常成熟且多樣化的選擇。其中一個令人驚豔的發明，就是將笨重的攪拌機變成可以輕鬆單手使用的手持電動打蛋器！

在做甜點時經常需要打發鮮奶油、蛋白，單靠人力打發會需要很多時間，時間拖越久，食材溫度上升，就會影響到打發品質。而且電動打蛋器還能調整速度，更可以控制鮮奶油、蛋白霜的氣泡細緻度，這都是用雙手打發難以做到的。如果想要在家做甜點，務必至少要有一台！只是該如何挑選電動打蛋器？我們的經驗是分四個重點：變速功能、馬力、攪拌棒材質＆形狀。

►◄ 變速功能

選購電動打蛋器時，最基本一定要有變速功能。高速功能可以縮短打發時間，中、慢速功能可以讓鮮奶油、蛋白霜的氣泡細緻。市售的手持電動打蛋器會分三、五、七、九段變速，一般來說，五或七段變速都非常夠用。

三段變速的選擇是稍微少了點，九段變速通常是非常厲害的師傅才需要，否則選擇五～七段變速就差不多了。

►◄ 馬力

製作甜點時，不是只有鮮奶油、蛋白霜能被打發，奶油也是可以打發的。有些電動打蛋器為了追求低價位或減輕重量，會降低馬力，但用馬力不足的電動打蛋器硬打奶油，會快速耗損機器壽命，甚至直接讓打蛋器報廢掉。我習慣使用伊萊克斯的手持電動打蛋器，馬力有 350W，一般製作甜點的打發過程都

能應付，機身不會很重，價格也不會太貴。要注意的是，打發奶油時，通常是打發軟化奶油。如果想要打發冷藏奶油，分量就要少一點，並且切小塊，否則就算是大廠牌的手持電動打蛋器，也無法負荷，因為冷藏奶油很硬！

►◄ 攪拌棒材質

如果可以，請選擇不鏽鋼材質的攪拌棒，不僅比較耐用，在衛生上也沒有疑慮。當然，塑膠材質的攪拌棒也是有優點的，不易刮傷鋼盆、量杯，攪拌時撞擊聲沒那麼大，不至於有太大的噪音。只是塑膠材質的攪拌棒容易卡髒汙，也相對脆弱，容易耗損；長期使用而言，還是建議選擇不鏽鋼材質。

►◄ 攪拌棒形狀

攪拌棒的形狀，其實是有各自對應的功能。第一次買電動打蛋器的新手，經常會困惑：「怎麼有這麼多種攪拌棒？我該用哪種啊？」這邊就來介紹常見的三種攪拌棒。這些攪拌棒沒有統一的正式名稱，各家廠商稱呼都不同，所以我會用形狀來介紹：

⋈ 細線攪拌棒
又稱線棒、線頭，是最經典、通用的攪拌棒。無論是打發蛋白、鮮奶油、打軟化奶油等都可以，老實說，有這個通常就可以打天下了。

⋈ 球形頭攪拌棒
形狀和手動打蛋器一樣。打發蛋白時很好用，因為線條更多，摩擦量更

大，打發速度更快。但也因此，打發鮮奶油時，新手要注意別打過頭了。我自己的習慣是使用一般的細線攪拌棒，就不必特地換來換去。另外因為頭比較大，在做家庭烘焙時，較小的量杯容易塞不進去。

⋈ 螺旋攪拌棒

又稱「和麵棒」，這種螺旋形狀的攪拌棒是專為打麵團設計的，號稱手持打蛋器也可以打麵團、做麵包。但實際上大多數的麵團都比較紮實，正常的手持電動打蛋器功率太低，打不動，硬打的話反而會讓機器壞掉！

也是有些麵包的質地比較稀軟，可以用電動打蛋器做，但如果你對麵包不夠熟練，我會建議不要用電動打蛋器來打麵團。就算只是選用慢速，電動打蛋器依舊是非常快的，很容易不小心打過頭。

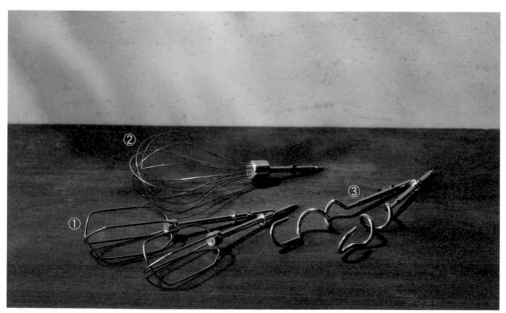

① 細線攪拌棒、②球形頭攪拌棒、③螺旋攪拌棒。

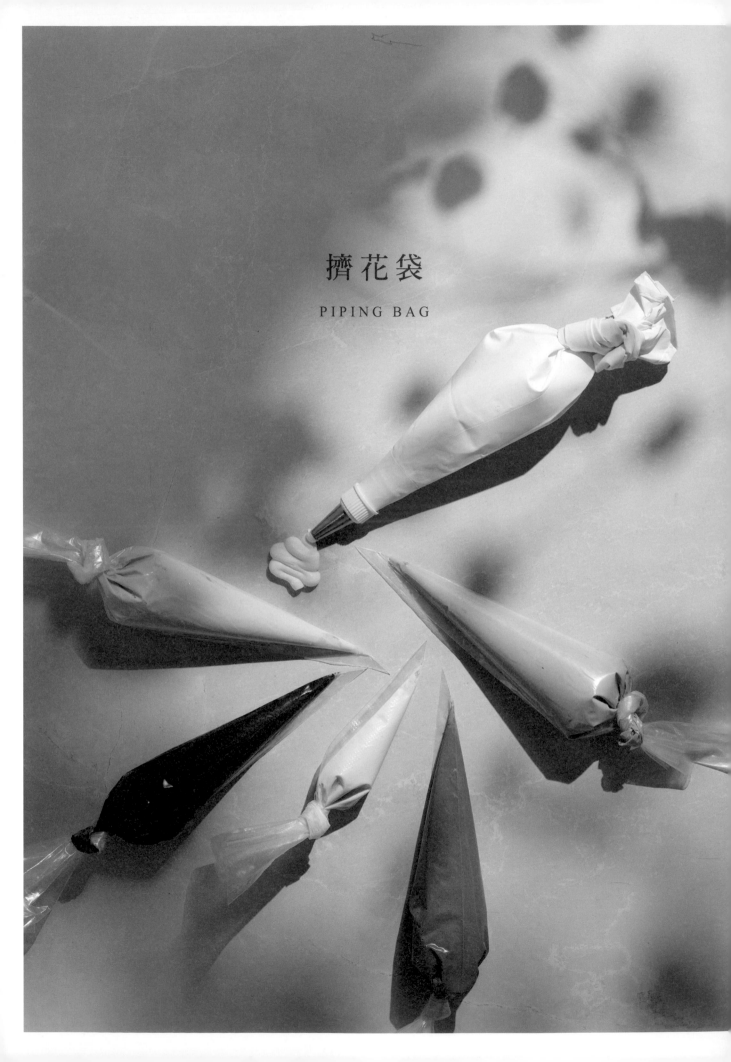

擠花袋

PIPING BAG

雖然現實的烘焙是要面對一堆待洗的模具，沒有連續劇演的那麼夢幻，但這並不減擠花袋在甜點世界中的指標性地位。精緻的外觀是甜點令人無法抗拒的重要因素之一，其中有許多特殊的造型只有擠花袋能做到。有些蛋糕麵糊，也比較適合用擠花袋來入模。

擠花袋其實有分不同尺寸，但如果是在家做烘焙，我個人喜歡準備 16 吋的擠花袋。

如果需要更小的擠花袋，只要將袋子裁切一下，就能得到 12 吋或 14 吋大小的擠花袋。至於更大的擠花袋，以在家烘焙的分量，正常情形下也用不到。

要使用擠花袋擠花時，建議把花嘴附近的塑膠邊條剪掉，可以避免擠花時塑膠邊條擦到甜點，或者影響擠出的鮮奶油。

除了尺寸，選購擠花袋時，還要注意材質與厚度。一般來說，材質有分塑膠與布料，另外還有顆粒塑膠的加厚材質，我們下一頁來一一說明。

依照需求，剪出適當大小的開口。

如果沒有修邊條，擠出的鮮奶油會被邊條沾到。

►◄ 塑膠材質

塑膠材質的擠花袋，其優點是便宜。因為材質偏薄，擠比較硬的麵糊時極有可能會破掉。

►◄ 布料材質

厚度絕對足夠穩固，正常使用下不太可能弄壞，很適合擠特別硬、紮實的麵糊，例如泡芙麵團。缺點就是需要重複清洗、晾乾才能再次使用，如果是做比較複雜，同時需要兩、三個擠花袋的甜點時，就很不方便。因為是要重複使用的，也不能隨意裁剪尺寸。

►◄ 顆粒塑膠加厚材質

價格雖然比便宜的塑膠擠花袋貴，但勝在比較穩固，可以用來擠比較硬的麵團。有些可以有限度的重複清洗使用，直到真的覺得太油、太髒就換掉。

我建議可以塑膠擠花袋、顆粒塑膠加厚擠花袋同時一起買。多數食譜，一般的擠花袋就可以應付，真的碰到比較硬的麵糊，再使用加厚擠花袋吧！我自己是習慣使用三能牌的擠花袋，選擇自己喜歡的品牌就好。

搭配微苦黑巧克力與濃郁生巧克力，

猶如踏入甜點的殿堂……

十年磨一劍，滿載初心的經典之作

文／王繁捷

貝克街剛創立的時候，最初的構想其實不是巧克力蛋糕。

因為貝克街是福爾摩斯住的地方，是一個和推理有關的名字，我的想法是要把蛋糕做成一片一片的拼圖，拼圖上面有案件的圖樣，客人可以看著拼圖蛋糕來推理犯人是誰。可是在研發的過程，我的資金、技術、設備全部都不夠，我做不出來這個構想！但是頭都已經洗下去了，蛋糕是一定要賣的，我只能想辦法做出一款很好吃的蛋糕。

那時候我覺得好吃的蛋糕，是某個藝人開的巧克力蛋糕店（不過我現在一點也不覺得好吃），再搭配上我學過的行銷定位技巧，我決定把方向改為「賣高品質的巧克力蛋糕」。

腦袋才冒出這個想法沒多久，就碰到一個蛋糕師傅朋友，他做了一款巧克力蛋糕拿去教會的活動上給大家吃，那個蛋糕好吃到讓我現在都還記得它的形狀、香氣、口感，那份震撼感讓我毫不猶豫地決定：「就是這個，我要賣這個蛋糕！」

我馬上向朋友請教做法和配方，他也非常好心地教了我。但是接下來有一些問題需要克服——第一個問題就是形狀，因為那款巧克力蛋糕，我朋友是做成小顆小顆的，如果要做成六吋大小，很容易變成外面熟、裡面生，想要讓裡面也變熟，外面就很容易變乾。雖然那時候半熟蛋糕很流行，可是這款產品我不想要做半熟蛋糕，我想要它展現出巧克力迷人的香氣和口感，就像我在活動上體會到的震撼一樣。

　　另一個問題是，圓形蛋糕看起來太普通了，我想要它更有記憶點，而且我沒有實體店面，所有蛋糕都需要用宅配，在上面做裝飾的話一定會被撞得亂七八糟！做了很多研究之後，我找到一個模具，就是咕咕霍夫模。

　　這個模具因為中間有一根柱子，所以可以完美解決中心烤不熟的問題，而且它的形狀也比較特別，讓人有記憶點，又不需要放一堆裝飾在上面，擔心宅配碰撞的問題。而且這個蛋糕烤出來之後，中間會有一個洞，剛剛好可以讓我把巧克力醬灌進去，一切都很完美！

找到適合的模具，是綠玉皇冠成功的第一步。

所以我馬上烤了個蛋糕出來，把巧克力醬灌進去。看起來還不錯，但是我想要有更好的視覺效果，我想辦法東塗西抹，看看怎樣可以把它弄得更漂亮，但是最後的結果都很悲劇。

在犧牲了好幾個蛋糕，和渡過好幾個失敗的夜晚之後，有一天我媽經過我旁邊，她說：「你何不乾脆讓那個巧克力醬流到外面？那應該會很好看。」這個想法我當初也有想過，可是因為那時候的巧克力醬做得太稀，馬上就被吸到蛋糕體裡，看起來非常地可怕，所以這想法被我放在一旁，改去測試別的外觀。

但是我媽這次又提了一次，我心想：「不然就試試換個比例，再做一次看看好了。」

所以我調整了巧克力醬的溫度，控制它的流動程度不要太稀，也不要太濃（太濃就流不下來），然後我成功了！這個外觀讓我非常滿意。但是，我又碰到另外一個問題，那就是我的蛋糕必須冷藏。

之前朋友的配方，適合剛烤完還熱熱的就拿來吃，它不適合冷藏，一冷藏就會變得乾硬，而且那配方也沒有加巧克力醬，加了醬會變得很膩。為了解決這個問題，需要非常浩大的研發過程，因為我完全不會做蛋糕，我只會做朋友教我的這款巧克力蛋糕。

如果你對甜點有一些了解，就會知道想做研發的話，需要具備很多的基礎知識和經驗，才有辦法把蛋糕調整到自己心目中的口感。可是那時候我什麼都不會，所以我只能土法煉鋼，一邊上網查，一邊用各種比例測試和調整。

　　我最有印象的是，在研發的那幾個月裡，我常常像個戰敗的拳擊手垂頭喪氣地坐在板凳上，想著問題到底出在哪裡，懷疑自己到底做不做得出來。但是我沒有放棄，過了幾個月後，我終於把蛋糕配方調整好，讓它能夠在冷藏的狀態下不過硬，配上巧克力醬又剛剛好！

　　現在回想起來，要調整蛋糕體其實是很容易的，只要把奶油替換成液態油，再微調一下雞蛋比例就好了，但是因為我什麼都不懂，硬著頭皮什麼都測試，搞了這麼久才做出來。解決了形狀和蛋糕體的問題，剩下就是香氣的調

整，這個部分做起來很快，我只要測試各種不同的巧克力豆，看看搭配起來怎樣最好吃、最香就可以了。

　　產品研發好就可以上架賣了，一開始賣得很爛，因為我用了非常好的原料，又定位在高級巧克力蛋糕，價格並不便宜。不過問題並不在價格，重點是知道「貝克街」的人太少，我又不懂該怎麼幫蛋糕做行銷，只知道去參考其他網路蛋糕店是怎麼做的？

　　那時候最多店家做的，就是找部落客幫忙寫文章行銷，所以我也依樣畫葫蘆想邀請部落客，但我沒想到的是，因為貝克街太沒有名，那些部落客幾乎都不理我！（就算他們願意寫，那個價格我大概也付不起。）

　　好不容易，有個部落客願意幫我寫，而且可以用蛋糕交換文章，我不需要額外付錢，我馬上心懷感激地把蛋糕寄過去。她寫的文章發文沒多久，就被Yahoo的編輯看上，貼到Yahoo的首頁，當時被刊載到首頁的圖片，就是這款綠玉皇冠。

　　登上首頁的當天，貝克街的業績立即衝了起來，那時候是我太太負責客服，她從早到晚電話接不停。

　　這是非常值得慶祝的一件事，因為那個年代想在Yahoo首頁刊登廣告，至少要花個60～80萬元，可是我被免費選上了！雖然上了首頁之後，沒過幾天熱度退去，業績又開始變差，但這仍然是很重要的里程碑。

綠玉皇冠這款蛋糕，對貝克街來說意義重大，它是一切的開端，一直到現在過了快十年，它還是我們架上熱賣的款式。這就是為什麼在這第一本食譜裡，我會想把它放進來，分享給你。

材 料

MATERIAL

	品 名	建 議 品 牌	替 代 品 牌
古典蛋糕體	85% 巧克力 33g	米歇爾85% 阿肯高巧克力	法芙娜85% 阿庇諾巧克力
	72% 巧克力 33g	可可巴芮72% 委內瑞拉巧克力	米歇爾72% 卡亞碧巧克力
	芥花油 53g	澳廚	無特殊風味的植物油
	低筋麵粉 31g	紫羅蘭	嘉禾牌白菊花
	可可粉 28g	可可巴芮	米歇爾‧柯茲
	小蘇打粉 2.5g	日正	烘焙用小蘇打粉即可
	蛋黃 79g	大成 CAS 雞蛋	新鮮雞蛋即可
	細砂糖（蛋黃用）79g	台糖	一般品牌皆可
	全脂牛奶 48g	六甲田莊	乳香世家或瑞穗鮮乳
	35% 鮮奶油 25g	總統牌	愛樂薇
	蛋白 159g	大成 CAS 雞蛋	新鮮雞蛋即可
	細砂糖（蛋白用）79g	台糖	一般品牌皆可

	品 名	建 議 品 牌	替 代 品 牌
綠玉皇冠醬	70% 巧克力 108g	可可巴芮70% 聖多明尼克巧克力	可可巴芮70% 花都巧克力
	63% 巧克力 54g	米歇爾63% 法努雅巧克力	可可巴芮64% 瓜瓦基爾巧克力
	85% 巧克力 18g	米歇爾85% 阿肯高巧克力	法芙娜85% 阿庇諾巧克力
	無鹽奶油 36g	總統牌	依思尼或萊思克
	全脂牛奶 188g	六甲田莊	乳香世家或瑞穗鮮乳

1. 前置準備

🕐 1min

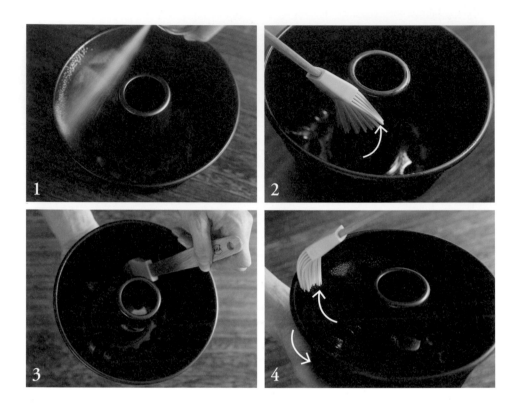

1 6吋咕咕霍夫模具內側均勻噴上烤盤油，底部、中柱、周圍都要噴到。

2 用油刷將油刷勻，從中柱開始由下往上刷。由下往上刷除了比較順手外，也是因為油容易積在底部，要把底部的油刷上來。

3 底部一圈也要均勻上油，每個地方刷好刷滿。

4 一邊轉動模具，一邊從底部慢慢往上刷，最上面這圈也不要漏掉。

—主廚的私房筆記—

刷完的模具會像這樣油亮亮，切記油量要夠，不然脫模時容易失敗！若是不小心噴太多油（底部有沉積的白色烤盤油），只要用紙巾吸掉多餘的油，再刷一次就好。

2. 熱融巧克力

🕐 1min 30secs

1 準備一鍋水，開大火，待水沸騰後關火。

2 鋼盆中先倒入53g芥花油，放入72%巧克力
　33g、85%巧克力33g，再放到熱水上面隔水
　加熱。

3 隔水加熱的同時要用耐熱刮刀慢慢攪拌，讓巧
　克力融化。

4 攪拌到巧克力全融後，繼續放在熱水鍋上保溫
　（巧克力的溫度要維持在40℃左右）。

——主廚的私房筆記——

完全熱融的巧克力會像這
樣，質地滑順，看不到任
何顆粒。使用兩種巧克力
豆，不只為了調整甜度，
也是為了結合不同產區的
巧克力風味，創造獨有的
香氣層次。

3. 過篩粉料

🕐 1min

1 把篩網架在鋼盆上，依序放入低筋麵粉31g、
可可粉28g、小蘇打粉2.5g。

2 用手輕敲篩網側面，把粉料篩到鋼盆裡。

3 過篩完的粉會像這樣，沒有結塊或結粒。

4 用打蛋器把粉料攪拌均勻，放一旁備用。

— 主廚的私房筆記 —

篩網上殘留的小粉塊可用
乾淨湯匙壓散。注意，過
篩好的粉不要放在熱水
旁，水氣容易讓粉料再次
受潮結塊。

4. 準備蛋黃糖

🕐 30secs

1 取一個乾淨的鋼盆放入蛋黃79g，另準備砂糖
　79g和打蛋器。

2 將砂糖全部倒入鋼盆中。

3 倒入後馬上用打蛋器攪散，否則會結塊。

4 要攪拌到砂糖均勻分布在蛋黃中。

5. 混合蛋黃糖 & 巧克力

🕐 45secs

1 先確認巧克力溫度是否維持在40℃左右，若太
　低得再隔水加熱。

2 將步驟④（P.129）的蛋黃糖倒入巧克力鍋
　中。倒入前，記得把鋼盆底部擦乾，以免水滴
　進巧克力。

3 用刮刀劃圈攪拌，並將鋼盆邊緣的巧克力刮下
　一起拌勻。

4 攪拌均勻後，放回熱水鍋上保溫。

—主廚的私房筆記—
保持溫度是個重點，若是
溫度降低，巧克力會凝固
結塊，導致後續跟其他食
材難以結合。

6. 加熱牛奶，倒入巧克力鍋中

🕐 1min

1 取牛奶48g、35%鮮奶油25g放入厚底鍋中，
開小火加熱到40℃，關火。

2 將加熱後的牛奶一口氣倒入巧克力鍋，並用刮
刀將殘留的奶液刮乾淨。

3 用刮刀攪拌，鋼盆邊緣的巧克力也要刮下來，
要拌至顏色均勻、看不到白色的紋路。

—主廚的私房筆記—

先下蛋黃糖才可以下熱牛
奶，因為巧克力糊含有大
量油脂，先跟擁有天然乳
化劑（卵磷脂）的蛋黃糖
混勻，油水結合，再加入
含有大量水分的牛奶，比
較不容易乳化失敗。

7. 巧克力糊過篩、保溫

🕐 1min

1　取乾淨的篩網和鋼盆，準備過篩巧克力糊。

2　將巧克力糊倒到篩網上，用刮刀把鋼盆裡殘留
　　的巧克力都刮下來。

3　用刮刀刮一刮、壓一壓，將巧克力糊篩乾淨，
　　篩掉雜質。篩網的背面，用另一支乾淨的刮刀
　　刮乾淨。

4　把過篩完的巧克力糊放回熱水鍋上，溫度維持
　　在40℃左右。注意要換乾淨的刮刀。

—主廚的私房筆記—

如果沒有換乾淨的刮刀來
刮篩網背面，就會把刮刀
上的雜質一起混入麵糊，
失去過篩的意義。

8. 打發蛋白 ①

⏱ 20secs

1 備好砂糖79g、冷藏的新鮮蛋白159g。

2 電動打蛋器先以高速把蛋筋（特別黏稠的蛋白）打散。蛋筋若沒有打散，會影響蛋白的打發均勻度。

3 打到蛋白出現泡泡後暫停，加入1/2的砂糖。

4 電動打蛋器以慢速把砂糖稍微打散後，再改用高速攪拌。

—主廚的私房筆記—

盛裝蛋白的容器必須完全乾淨無油無水，否則蛋白碰到油脂會容易消泡及打發失敗。

9. 打發蛋白 ②

🕐 40secs

1 繼續用打蛋器高速打發至蛋白出現紋路。

2 蛋白霜會越來越白,原本略粗的泡泡會開始變
　比較細緻柔軟。

3 加入剩餘的糖,再次打發。

4 一樣先以慢速打散砂糖後,再用高速攪拌。

—主廚的私房筆記—

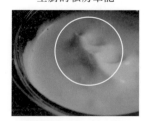

拿起打蛋器,蛋白霜出現
勾起的形狀,但質地依然
濕軟時,就是加入第二次
砂糖的時機。

10. 打 發 蛋 白 ③

🕐 40secs

1 以高速繼續打發，蛋白霜會越來越細緻硬挺。

2 接著蛋白霜的紋路會變多，也會越明顯。

3 等蛋白霜體積越大且出現像這樣的紋路時，就可以暫停檢查。

4 用刮刀翻起蛋白霜，若蛋白霜能呈現挺直的壁面，就是打發完成。

若對書中食譜有任何疑問，或QRcode掃描連結有問題，都可以寫信給我們：bacostreet1@gmail.com

蛋白霜的檢查動作請參考QRcode示範。

11. 蛋白霜加入巧克力糊

🕐 30secs

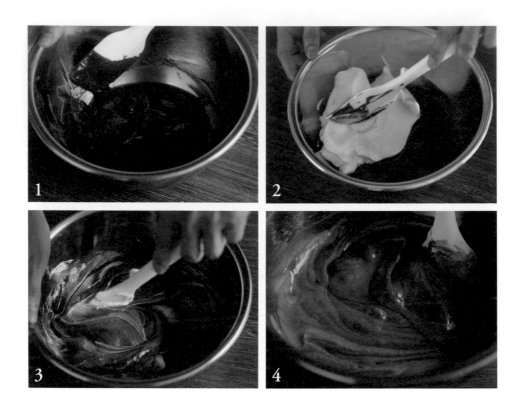

1 取下熱鍋上的巧克力糊,用刮刀攪拌一下,確保質地均勻。

2 加入1/2蛋白霜,刮刀用切的方式,將蛋白霜切進巧克力糊中。

3 將巧克力糊從底部翻起攪拌,包括鋼盆邊緣的巧克力糊也要刮下來拌。

4 攪拌至巧克力糊呈黑白交錯,留有些白色的紋路也沒關係。

若對書中食譜有任何疑問,或QRcode掃描連結有問題,都可以寫信給我們:bacostreet1@gmail.com

— 主廚的私房筆記 —

蛋白霜質地輕盈和巧克力糊的質地差太多,蛋白一次全部加入不僅難拌勻,還會拉長攪拌時間,導致蛋白霜消泡,所以要分次加入。較大塊的蛋白霜,要先用刮刀切小塊,再繼續翻拌。第一次攪拌不完全拌勻,是為了避免攪拌過度讓蛋白霜消泡。

翻拌的動作請參考QRcode示範。

12. 加入 1/2 粉料拌勻

🕐 30secs

1 先加入1/2步驟③（P.128）中已過篩的粉料。

2 倒入後馬上用刮刀將粉切進麵糊裡，以免粉料
  結塊。

3 用翻拌的方式，把麵糊從底部翻上來攪拌，動
  作要輕以免粉到處噴，但不能太慢，否則麵粉
  會吸水結塊。

4 攪拌麵糊至看不到粉塊的均勻滑順狀態。

── 主廚的私房筆記 ──

先下1/2蛋白霜，再下1/2
粉料，是為了讓巧克力糊
有多一點水分，可以讓現
在加入的粉料輕鬆混勻。

13. 加入剩餘蛋白霜

⏱ 30secs

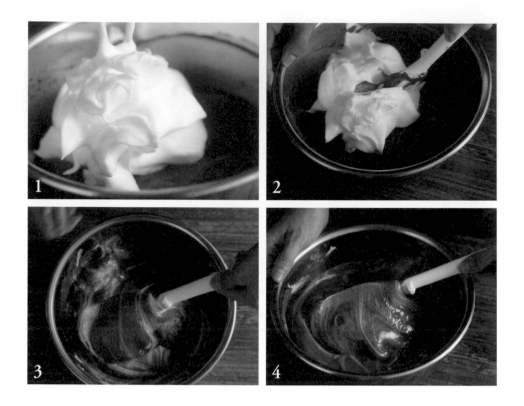

1 倒入剩餘的蛋白霜。

2 同前面做法，先用刮刀把蛋白霜切進麵糊中。

3 若有較大塊的蛋白霜要先切散，再從麵糊底部
  翻上來攪拌。

4 攪拌至麵糊黑白交錯，仍有些白色紋路即可。

14. 加入剩餘粉料拌勻

🕐 40secs

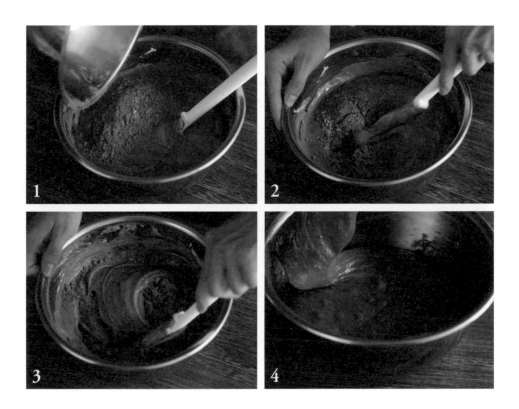

1 把剩餘的粉全數倒進麵糊中。

2 同前面做法一樣,先用刮刀將粉切入麵糊。

3 再以翻拌的方式,輕巧地從底部把麵糊翻上來攪拌。

4 攪拌到麵糊的質地均勻,看不到粉粒。

—主廚的私房筆記—

用刮刀撈起麵糊檢查時,垂落的麵糊應呈現如緞帶的摺疊感。

15. 入模及冷藏

🕐 1min 30secs

1　將6吋咕咕霍夫模放在秤重器上重量歸零，鋼
　　盆面向自己，定點倒入麵糊。記得鋼盆要面向
　　自己，才好控制。

2　從離桌面約5公分的高度放開手，讓模具自由
　　落體掉下，使麵糊表面平整。小心別讓模具歪
　　掉，也不要敲個不停，會消泡！

3　把模具平放進塑膠袋中，注意不要傾斜。

4　塑膠袋口打個簡單的結，放入冰箱冷藏靜置24
　　小時。

── 主廚的私房筆記 ──

將麵糊冷藏靜置熟成24小
時，是這款蛋糕好吃的另
一個祕密。冷藏的過程，
會讓麵糊狀態更穩定，烘
烤時不易過度膨脹外，蛋
糕的可可香氣也會更融
合、更有層次。

1. 熬煮奶液

🕐 1min 30secs

1 取奶油36g切成丁狀，和牛奶188g一起放入厚底鍋。卡式爐開中火，熬煮奶油和牛奶。

2 火不要太大，以免奶油還沒融化，牛奶就已過度蒸發。

3 用耐熱刮刀把比較大的奶油切開，攪拌一下，讓奶油均勻融化。

4 煮到沸騰後用溫度針測溫，溫度在98℃左右就關火。

2. 攪拌至乳化完成①

🕐 40secs

1 將70%巧克力108g、63%巧克力54g、85%巧克力18g秤好放入玻璃碗。將煮滾的奶液一口氣倒入巧克力裡。

2 用打蛋器從中心點開始,先劃小圈攪拌,力道要輕,以免噴濺。

3 待巧克力豆慢慢融化後,劃圈的範圍再慢慢往外擴大。

4 巧克力和牛奶混合越勻顏色也越深。當打蛋器劃過的紋路變明顯時,質地也更稠了。

—主廚的私房筆記—

注意攪拌速度不要太快,以免攪出太多氣泡。氣泡除了會影響口感,也會把空氣中的雜菌帶入醬中,縮短保存期限。

3. 攪拌至乳化完成②

🕐 1min

1 用刮刀順著玻璃碗邊緣刮，把附在邊緣上的渣渣刮下來。

2 繼續從中心點開始攪拌，速度不要太快以免氣泡產生。

3 乳化完成的醬質地看起來會是濃稠、均勻、滑順、光亮。

4 用刮刀撈起醬汁檢查，附在刮刀上的綠玉皇冠醬會呈現霧亮感。

─主廚的私房筆記─

乳化是指油脂和水分有充分結合，乳化成功的巧克力醬吃起來絲滑順口，乳化失敗則吃起來粗糙有沙感。充分攪拌是乳化成功的關鍵之一，我們一直沒用機器來製作這款醬，是因為機器轉速太高，會乳化過度完全，讓醬的口感變太硬。也就是說，綠玉皇冠醬只能用人工慢慢拌出理想的質地與口感。

4. 過篩綠玉皇冠醬

🕐 1min

1 準備小篩網、玻璃量杯，用來過篩巧克力醬。

2 把巧克力醬慢慢倒入小篩網，速度不用太快。

3 用刮刀輔助把篩網上的巧克力醬壓下去。

4 換一支乾淨的刮刀，把篩網底部的醬刮乾淨。

—主廚的私房筆記—
過篩是讓醬料質地更加細
緻滑順的技巧。如果不小
心打入許多氣泡，也可以
用反覆過篩的方式減少氣
泡（但無法完全消除）。

5. 密封冷藏

🕑 40secs

1 準備保鮮膜，保鮮膜的大小比容器大一些。

2 讓保鮮膜貼在醬的表面以及容器內側一圈，密封好放進冰箱，冷藏至少6小時。

—主廚的私房筆記—

把保鮮膜服貼在醬料表面，就不會出現在冷藏時水氣積在保鮮膜表面，又滴到醬料的狀況。

1. 麵糊回溫

🕐 1min 🔳 烤箱預熱 上火165℃ / 下火 175℃，至少20分鐘

1 烤箱先預熱上火165℃/下火175℃至少20分鐘，再把蛋糕放在深度約4cm的琺瑯盤上。從冰箱拿出蛋糕時，記得立即拆掉袋子，以免冷凝水滴到蛋糕麵糊。

2 盤中倒入60℃左右的熱水。

3 倒進去的水深度要達3cm左右。

4 等麵糊回溫到中心溫度25℃時，就可以進烤箱烘烤了。

— 主廚的私房筆記 —

溫度計可以在麵糊上多測幾個位置，確定麵糊已均勻回溫。

2. 進爐烘烤

🕐 25mins

1 把蛋糕放在烤盤上，放入烤箱下層，烤溫調降
　為上火155℃ / 下火 165℃，先設定 25分鐘。

2 烘烤15分鐘左右，蛋糕應會膨脹到約與模具等
　高。

3 烘烤至20分鐘時，蛋糕會高高隆起超過模具，
　表面有裂紋是正常的，但不應比圖3高太多。

4 烘烤至25分鐘時，用竹籤插入蛋糕靠中心點的
　位置，測試熟度。

—主廚的私房筆記—
至少要烘烤25分鐘才可以
開烤箱戳竹籤檢查。若是
蛋糕還在膨脹階段就打開
烤箱門，蛋糕組織還沒烤
熟定型，冷風灌入，蛋糕
就會悲慘地消風。

3. 判斷蛋糕是否加烤

🕐 4mins

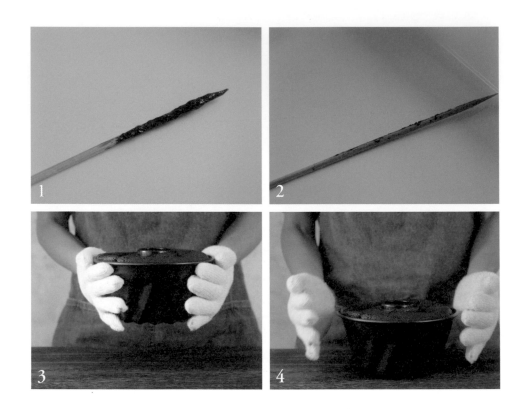

1 如果竹籤上有濕濕的麵糊，表示還沒烤好，要
　繼續烘烤（每次加烤3分鐘）。

2 如果竹籤上只有一點點的麵糊沾黏，表示烤得
　剛好，蛋糕可以出爐了。但若竹籤完全乾淨，
　則表示已經烤太久囉。

3 戴上棉手套，把蛋糕從烤箱取出，距離桌面和
　模具相同高度，放手讓模具墜下。

4 利用自由落體的重力，將蛋糕的熱氣排出後，
　放在置涼架上至略溫。

—主廚的私房筆記—
測量熟度後的竹籤記得要
擦乾淨，才可再做測量，
否則你永遠都會覺得蛋糕
沒有烤熟。

4. 蛋糕體脫模、冷藏

🕐 1min

1 蛋糕放涼到略溫，準備好一個6吋或8吋的蛋糕
　底襯（照片中為6吋）。

2 把底襯倒扣在蛋糕模上，一手壓著底襯，另一
　手從下面托住蛋糕模。

3 上下反轉，把蛋糕從模具中倒出來。如果感覺
　有點黏住，可以左右輕輕晃動模具脫膜。

4 把完全脫模的蛋糕放入密封容器中，冷藏至少
　一個小時，讓蛋糕完全冰硬。

—主廚的私房筆記—
這款蛋糕在略溫的狀態最
好脫膜。太熱時，蛋糕不
夠凝固還太脆弱，容易碰
壞；太冷時，蛋糕容易黏
死在模具上。可以徒手觸
碰的略溫時最好脫膜。

填
醬
&
淋
面

1. 填入綠玉皇冠醬

🕐 1min

1 將蛋糕從冰箱取出，連同底襯一起放在蛋糕轉
　盤上。

2 從冰箱取出綠玉皇冠醬，用抹刀挖取一些放進
　蛋糕中心的洞裡。挖的時候不要攪拌，以免醬
　料拌入空氣，導致成品表面有氣泡。

3 一邊填醬，一邊用抹刀把醬稍微壓平整，不要
　留有空隙，否則切開會不好看。

4 重複動作至綠玉皇冠醬滿到洞口，這邊大約會
　使用185~190g的綠玉皇冠醬。

— 主廚的私房筆記 —

填醬時，可以用另一支抹
刀把醬刮進洞裡。注意底
部的醬應該要徹底冷藏凝
固，太軟太濕的醬會被蛋
糕吸收，反而從底部流出
來！這也是烤好的蛋糕至
少要冷藏1小時的原因：避
免蛋糕餘溫把醬給融化。

2. 調製淋面用綠玉皇冠醬

🕐 調至醬料質地正確為止

1 取大約120g的綠玉皇冠醬，放進鋼杯（或可隔水加熱的容器）中。預留一些冷的醬，以便醬熱過頭時可以補救。

2 準備一鍋40℃的溫水，放入鋼杯隔水加熱3秒，同時用抹刀攪拌。訣竅是：熱一下下就好，利用邊緣先融化的醬來調整濃稠度。貪圖一次熱到位，很容易熱過頭！

3 加熱後的醬質地明顯變稀，將鋼杯從熱水中取出，放到乾淨的抹布上繼續攪拌至混合均勻。

4 用刮刀撈醬檢查流動性，濃稠度要像照片這樣。如果太濃稠，就放回熱水加熱 1 秒，再拿出來攪拌，重複動作至濃度適當為止。

—主廚的私房筆記—

綠玉皇冠醬過熱會太稀，淋面時不好操作且容易醜。如果不小心熱過頭，可以稍微放涼或是加入預留的冷醬調整質地，待回到跟圖④一樣的流動性時，才能進行淋面。注意溫度並不是重點，而是濃稠度！

3. 淋面 ①

🕐 40secs

1 在蛋糕轉盤中央放一個底襯，底襯要大於蛋糕體，蛋糕放在中心位置。

2 將調好濃稠度的綠玉皇冠醬，倒在蛋糕正中央（鋼杯底部若有水滴，要先擦乾，避免滴入）。

3 綠玉皇冠醬的高度應該要像這樣，訣竅就是：倒得比你想的還要多！

4 蛋糕體若是高度不平均，會使醬往較低的地方流，此時必須從蛋糕上方觀察。

—主廚的私房筆記—

從調整好醬的質地開始，所有動作都要一氣呵成，不可以猶豫，因為時間不會等你。醬料一旦遇冷開始凝固，就很難操作，紋路也會變醜。建議多看幾次圖解步驟，在腦內推演才不會手忙腳亂！

4. 淋面 ②

🕐 1min 30secs

＊ 注意，所有撥醬的動作，都是朝自己的方向撥。

＊ 不管要撥哪，都是轉動轉台，不是移動抹餡匙。

1 因為蛋糕表面有點傾斜，所以醬往一側傾偏，這時要盡快用抹刀把醬往反方向撥，醬料才能平均。只要撥出如圖的一點頭就好，撥太多會把整個內餡帶往同個方向。

2 抹刀以45°角，把醬推到蛋糕凹陷處。從中央位置往外輕推，推出一個個圓潤的頭。抹刀呈45°角是為了讓醬有厚度。若推出的頭太細窄，流瀉的巧克力線條會像蜘蛛腳一樣細，不好看。

3 轉動轉盤，一邊把醬推到凹陷處（推的方向都是朝自己），動作要快，以免醬料冷卻凝固。推出頭後，綠玉皇冠醬會因為地心引力，自然地往下流呈現出線條。

4 雙手拿起底襯，輕輕抖動蛋糕讓醬繼續往下流，也能讓表面更平整。理想位置大約是蛋糕的1/2～2/3處。仔細看，剛開始覺得有點粗的頭，往下流後就變成剛剛好的皇冠線條。

—主廚的私房筆記—

＊綠玉皇冠醬的濃稠度很重要，調對就成功一半！

＊如果一開始倒上去的醬太少，會讓綠玉皇冠醬的線條過細。

＊之所以不直接給填充內餡和淋面醬料的公克數，是因為每顆蛋糕的形狀都會有些許不同，需要的用量不一樣。

5. 戳破表面氣泡

🕐 1min 20secs

1 用抹刀前端輕輕把氣泡撥破,再如蜻蜓點水般
快速震動抹刀,把弄破的缺口震平。震動的力
道,可以想像手機的震動那般快速而輕盈。

2 表面氣泡都處理好,蛋糕就要完成了!如果醬
料已經凝固,就無法震平了,這時候不要再抹
來抹去(醬會變形),直接送冷藏。冷藏後表
面的不平整會變得比較不明顯。

3 連同底襯放到盤子上,綠玉皇冠就完成囉!

若對書中食譜有任何疑問,或QRcode掃描連結有問題,
都可以寫信給我們:bacostreet1@gmail.com

更多免費食譜請參考QRcode。

LESSON 4
曼哥羅莊園

在風味與理想間取得的新平衡，

以不同風貌呈現的巧克力蛋糕，

更適合隨著心情來享受。

在風味與理想間搖擺的全新作

文／王繁捷

　　貝克街創立第三年的時候，業績開始變得很難拉升，因為公司主要是販售圓形蛋糕，這樣的蛋糕通常是在生日或慶祝場合才會出現，可是現代已經越來越少人用蛋糕慶祝了。

　　現在的人過生日，常常是在餐廳吃大餐，很少出現像幾十年前那種，一堆人圍著大蛋糕唱生日歌的畫面了。再者，就算有些客人還是會吃蛋糕慶祝，一年也頂多買一至二次而已，平常誰沒事會買圓形大蛋糕來吃？所以，我決定要出一款長條形狀的蛋糕，這樣就可以不受限於節日，想吃就可以吃，分量也剛剛好。可是要推出長條蛋糕會有一個問題，那就是「成本」。

　　貝克街使用的巧克力等級非常高，六吋圓形蛋糕就要賣一千元以上。客人要是為了特殊節日來買，價格自然不會是問題，可是長條形的蛋糕就不能賣這麼貴，因為它是要讓人平日當點心吃的。但是，我也不願使用低品質的原料來壓低價格，那還有什麼辦法可以改善呢？我第一個想到的，就是做只有蛋糕體不放巧克力醬的版本。

　　尤其是像前面食譜教的「綠玉皇冠」，蛋糕體是改良過的，因為它需要低溫宅配，也需要在低溫的情況下享用，雖然原配方的蛋糕體讓我驚豔，但冷藏之後口感會太硬！可是，也不能要客人等蛋糕回溫之後才吃吧，巧克力醬不就是要冰冰涼涼的才好吃。因此研發綠玉皇冠時，我才會花這麼多的時間改配方。

　　若是長條蛋糕只有蛋糕體，沒有巧克力醬的話，就算客人把蛋糕從冰箱拿出來回溫後再吃，也不會有太硬的問題，那綠玉皇冠原配方的蛋糕體就很適

合。有了這樣的想法，我馬上請設計師設計蛋糕盒，把蛋糕做成長條開賣。

　　滿心期待地把消息放上粉絲專頁，結果反應很差，沒賣出去幾條。其中一個原因還是售價。雖說價格 650 元，已經比一千多元的六吋蛋糕便宜不少，但以長條蛋糕來說還是太貴。另外，包裝成本太高也是問題。光是蛋糕盒和配件，成本就要一百多元，而且還要人工一個一個折。

　　第二個成本問題就是蛋糕體本身，因為蛋糕體屬於紮實、厚重的類型，材料幾乎全是巧克力豆，不像輕盈的海綿蛋糕飽含空氣，價格自然也貴上許多。再來，台灣的氣候炎熱，濃郁的巧克力蛋糕如果沒有搭配醬，會讓客人覺得太乾而不想買。

　　分析以上問題後，我決定先修改包裝盒，壓低成本。修正難度比較高的是蛋糕體，要怎麼使用好原料讓蛋糕好吃，但價格又不過貴呢？我的想法是，增加巧克力醬，也就是將甘奈許放在蛋糕上，才會吸引人。可是如此搭配之後的新問題是，本來蛋糕體就已經夠濃郁了，配上甘奈許變得更厚重，吃沒幾口就膩了，成本也會變得更高。

　　既然太濃、太膩，就得想辦法讓蛋糕體變得輕盈，所以我降低巧克力豆的比例，這樣蛋糕體和甘奈許搭起來就可以好吃又符合成本。改良後的蛋糕體確實讓我們滿意，可是配上甘奈許後，又覺得不是很協調，好像哪裡怪怪的？原來濃厚的甘奈許加上輕盈的蛋糕體，整體的口感和味道不平衡。

　　知道問題在哪後，我決定甘奈許也要調整得輕盈些。朝著這個方向進行的過程，我發現讓甘奈許變輕盈的配方，可以更凸顯巧克力的特殊風味！這對我來說是很大的優勢，因為貝克街向來使用莊園巧克力，讓高級巧克力的香氣更明顯，才會有意義。不然用了好材料，客人吃不出來，不是很浪費嗎？就這樣不斷地測試再測試，花了很長一段時間之後，終於把「曼哥羅」給研發出來了。

　　會把它取名為「曼哥羅」，是因為這款蛋糕主要是用米歇爾的曼哥羅莊園巧克力製作。它擁有強烈的熱帶水果香氣，好些不習慣的客人還以為酸酸的味

道是壞掉，因為在他們的印象裡，巧克力就該只有「巧克力味」。

雖然這巧克力很香、很厲害，但卻不是所有人都可以接受這樣強烈的味道。所以我們在食譜裡的甘奈許分了兩個配方，一個是完全使用曼哥羅巧克力，風味最強；一個則是混了米歇爾 63% 法努雅巧克力，風味溫和一點，你可以依照自己的喜好來選擇。一直到現在，我們也常會拿其他莊園的巧克力，以曼哥羅做基底，研發不同的新產品，因為這個配方最適合用來強調高級巧克力的風味。

成本是研發產品的一個關鍵，但是擺在成本前面的，一定是「好吃」。如果一項產品只有成本低，味道卻不夠好的話，我們也不能接受。曼哥羅強烈的美味，和綠玉皇冠的風格完全不一樣，所以我才會將它上架，成為貝克街的主力商品之一。

p.s. 在曼哥羅研發期間，因為我忙著行銷工作，所以很多地方是我口頭講配方，好比哪裡要調整，再請繁歌動手測試，才有了現在的結果，因此他也是重要的大功臣。

材 料

MATERIAL

曼哥羅醬	品名	建議品牌	替代品牌
	71% 巧克力 36g	米歇爾71% 曼哥羅巧克力	無
	63% 巧克力 18g	米歇爾63% 法努雅巧克力	可可巴芮64% 瓜瓦基爾巧克力
	無鹽奶油 15g	總統牌	依思尼或萊思克
	全脂牛奶 45g	六甲田莊	乳香世家或瑞穗鮮乳
	35% 鮮奶油 45g	總統牌	愛樂薇

＊如果喜歡蛋糕風味更重，可以把63%都換成曼哥羅巧克力豆。

三溫蛋糕體	品名	建議品牌	替代品牌
	低筋麵粉 14g	日清紫羅蘭	嘉禾牌白菊花
	可可粉 5g	可可巴芮	米歇爾·柯茲
	小蘇打粉 1g	日正	烘焙用小蘇打粉即可
	芥花油 15g	澳廚	沒有特殊風味的植物油
	72% 巧克力 11g	可可巴芮72% 委內瑞拉巧克力	米歇爾72% 卡亞碧巧克力
	85% 巧克力 11g	米歇爾85% 阿肯高巧克力	法芙娜85% 阿庇諾巧克力
	蛋黃 35g	大成 CAS 雞蛋	新鮮雞蛋即可
	細砂糖（蛋黃用）12g	台糖	一般品牌皆可
	三溫糖（蛋黃用）12g	三井製糖	台灣三溫糖亦可
	全脂牛奶 16g	六甲田莊	乳香世家或瑞穗鮮乳
	蛋白 69g	大成 CAS 雞蛋	新鮮雞蛋即可
	細砂糖（蛋白用）12g	台糖	一般品牌皆可
	三溫糖（蛋白用）12g	三井製糖	台灣三溫糖亦可

55%淋面醬	品名	建議品牌	替代品牌
	55% 巧克力 100g	米歇爾55% 伊利安巧克力	法芙娜55% 厄瓜多爾巧克力
	無鹽奶油 20g	總統牌	依思尼或萊思克
	35% 鮮奶油 100g	總統牌	愛樂薇

製作曼哥羅醬

1. 熬煮奶液

🕐 1min 30secs

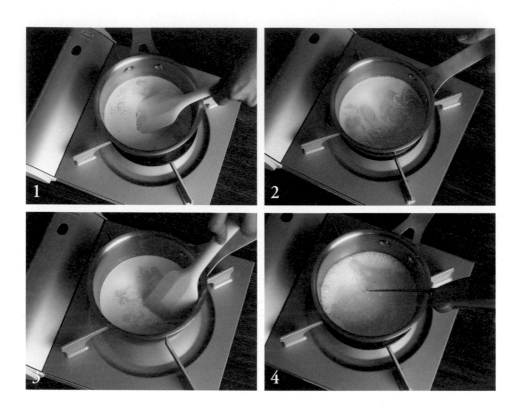

1 奶油15g切成丁狀,和牛奶45g、鮮奶油45g放入厚底鍋中。卡式爐開中火,開始熬煮。

2 火不要太大(火焰不可超出鍋底邊緣),以免奶油還沒融化,奶液蒸發太多,變得太濃稠。

3 比較大塊的奶油可以用耐熱刮刀切開、攪拌一下,讓奶油更快融化。稍微攪拌就好,攪個不停會導致降溫延長熬煮時間,揮發過多水分。

4 煮到沸騰後用溫度針測溫,溫度在98℃左右就關火。

—主廚的私房筆記—
巧克力醬裡的鮮奶油占比越多,奶味就會越重、口感越硬。因此,調配鮮奶油、牛奶的比例,就可創造不同口感、風味的醬。

2. 攪拌至乳化完成 ①

 1min

1 取71%曼哥羅巧克力36g與63%巧克力18g放入鋼盆中。煮滾的奶液趁熱一口氣倒入裝巧克力的鋼盆中。

2 用打蛋器從中心點開始劃小圈攪拌，一開始力道要輕，以免奶液噴出去。

3 中央的巧克力融化後，劃圈的範圍慢慢往外擴大，讓更多巧克力融化。

4 攪拌越均勻顏色也會變深，當打蛋器劃過的紋路變明顯時，代表質地更稠了。

—主廚的私房筆記—
製作這類巧克力醬時，一定是熱的（奶液）沖入冷的（巧克力）中，因為沖入的過程，奶液會稍稍降溫，避免巧克力被高溫燙壞的問題。

3. 攪拌至乳化完成②

🕐 1min

1 用刮刀緊貼鋼盆邊緣，把比較難攪拌到、不均勻的部分刮下來。

2 繼續拌勻，速度不要太快，以免打出氣泡。

3 快完成的醬，質地看起來光亮、滑順，看不到白色奶液。

4 用刮刀撈醬檢查，附著在刮刀上的曼哥羅醬，表面應呈霧亮感，代表乳化成功了。

—主廚的私房筆記—
乳化的意思，是指油脂、水分好好結合的狀態。若是乳化失敗，通常是溫度不足、攪拌不夠所造成。

4. 過篩曼哥羅醬

🕐 1min

1 小篩網架在量杯上，曼哥羅醬慢慢倒入篩網。

2 鋼盆裡的醬都要用刮刀刮下，不要浪費了。

3 用刮刀把篩網上的醬壓下去過篩。

4 換一支乾淨的刮刀，把篩網底部的醬刮乾淨，
　才不會浪費。

—主廚的私房筆記—

過篩醬料，除了可以篩掉
雜質，也能篩掉攪拌過程
中不小心產生的小量氣
泡，讓醬的質地更細緻均
勻。

5. 密封冷藏

⏱ 40secs

1 取出保鮮膜,保鮮膜的大小要比量杯大。

2 用拳頭輕輕把保鮮膜往下壓,讓保鮮膜貼在醬
的表面。

3 用手指頭輕壓杯子內側,讓保鮮膜服貼在杯子
內緣。

4 杯子外側也要用保鮮膜密封好,放進冰箱冷藏
至少6小時。

—主廚的私房筆記—
封保鮮膜是為了防止風
乾,讓保鮮膜服貼在醬的
表面則是為了防止水氣堆
積在保鮮膜表面,又滴回
醬中影響品質。曼哥羅醬
一定要充分地冷卻,否則
在組裝時會無法支撐蛋糕
的重量。

製作蛋糕體

◄► 1.前置準備

🕐 1min　　🔲 烤箱預熱：上火160℃ / 下火170℃，至少20分鐘

1	2
3	4

1 烤箱先預熱上火160℃/下火170℃至少20分鐘，再煮一鍋熱水（大約80～90℃），用來隔水加熱巧克力豆。

2 模具四邊內側、底部噴上足量的烤盤油。噴的時候不要離烤模太近，以免油太厚。

3 準備一支油刷，把烤盤油均勻塗抹開。

4 每個面都要有薄薄的一層油，脫模時蛋糕體才不會被黏住。

—主廚的私房筆記—

刷油時，注意模具的邊角和上半部， 都要確實刷到，不然脫模會失敗。模具品牌：cakeland（尺寸：長21×寬8×高6cm）

2. 過篩粉料

🕐 1min

1 小篩網架在量杯上,將低筋麵粉14g、可可粉
 5g、小蘇打粉1g放入篩網中。

2 拿一支湯匙把粉料稍微輕壓,把粉過篩到下面
 的量杯裡。

3 過篩完的粉會像圖示,看不到粉塊結粒。

4 用打蛋器把粉料攪拌均勻,放一旁備用。

— 主廚的私房筆記 —
將粉料拌勻,這樣之後會
比較容易跟麵糊拌勻。

3. 熱融巧克力

🕐 1min 25secs

1 鋼盆中倒入芥花油15g、72%巧克力11g、85%巧克力11g，再放到煮至小滾後關火的熱水上，隔水加熱。

2 加熱的同時，用耐熱刮刀慢慢攪拌，讓巧克力均勻受熱。

3 加熱過程中，注意巧克力醬的溫度不要超過55℃，否則巧克力醬會出現焦臭味。

4 攪拌到全融後，放在熱水鍋上保溫，醬的溫度維持在40℃左右。

—主廚的私房筆記—
用煮好的熱水餘溫來隔水加熱，不用再開火，避免溫度太高燒壞巧克力。

4.準備蛋黃糖

🕐 30secs

1 將蛋黃35g、砂糖12g和三溫糖12g，依序倒入
鋼盆。

2 倒入後，馬上用打蛋器攪散，否則會結塊無法
拌開。

3 用刮刀沿著鋼盆邊緣，把不均勻的部分刮下
來，不然會有風乾的硬塊，影響蛋糕品質。

4 繼續用打蛋器拌勻，蛋黃糖就完成了。

—主廚的私房筆記—
使用三溫糖是這款蛋糕體
香氣獨特的祕訣之一，三
溫糖溫潤的香氣讓蛋糕風
味更有層次，也讓蛋糕口
感更膨、更潤。

5.混合蛋黃糖＆巧克力

🕐 45secs

1 先確認巧克力醬的溫度是否維持在40℃，溫度
　若太低會影響乳化，必須再隔水加熱。

2 將步驟④（P.172）的蛋黃糖倒入巧克力鍋
　中，用刮刀把蛋黃糖都刮下來。

3 以打蛋器劃圈攪拌，鋼盆邊緣的巧克力也要用
　刮刀刮下來拌勻。

4 攪拌均勻至看不到黃色蛋液後，放回熱水鍋上
　保溫。

　　　—主廚的私房筆記—

巧克力醬的溫度若太低，
就會凝固，難以跟其他食
材結合。

6. 加入熱牛奶拌勻

🕐 50secs

1 在小厚底鍋中倒入牛奶16g，開小火，加熱到
　邊緣一圈有小滾冒泡（約80℃），關火。

2 以最快速度將牛奶倒入巧克力鍋中，殘留在鍋
　子裡的牛奶記得刮乾淨。

3 用打蛋器攪拌，邊緣部分也要用刮刀刮下來，
　拌到顏色均勻、看不到白色紋路為止。

4 拌勻後，放回熱水鍋上保溫，如果溫度下降，
　記得再加熱回溫。

　—主廚的私房筆記—
　溫熱狀態的牛奶，才不會
　讓巧克力凝固。但也不能
　煮到大滾，那會蒸發掉太
　多水分，讓醬的質地變太
　黏稠。

7. 打發蛋白 ①

🕐 40secs

1 將冷藏的新鮮蛋白69g放入500cc量杯中，因為量不多，得裝在小一點的容器才打得到。另備好砂糖12g、三溫糖12g。

2 先用電動打蛋器以高速打幾秒，把蛋筋（特別黏稠的蛋白）打散。

3 加入1/2的糖，打蛋器先轉慢速將糖打散，再轉高速繼續打。

4 這時蛋白顏色會變白、體積變大，待出現微軟膨鬆的泡泡後，再加入剩下的糖。

—主廚的私房筆記—

把半透明的黏稠蛋白打出像這樣的氣泡時，代表蛋筋被打散了。蛋筋如果沒有打散，會影響後續蛋白打發的均勻度。

8. 打發蛋白 ②

🕐 1min 40secs

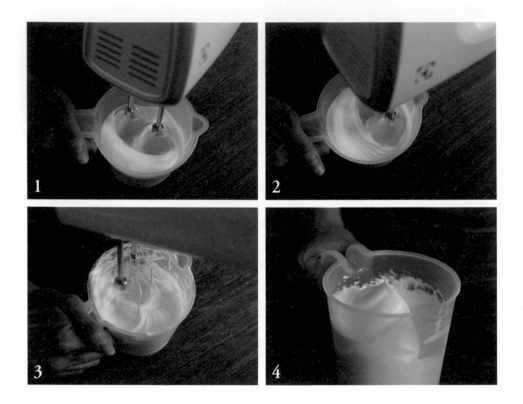

1 加入剩下的糖後一樣先慢速打幾秒，再轉高速
　打發，這時的蛋白霜會越來越細緻、硬挺。

2 接著，蛋白霜的紋路會變多、變明顯，質地也
　會更硬。

3 等到蛋白霜體積變大，出現像這樣深的紋路
　時，就可以暫停檢查。

4 用刮刀從底部翻起蛋白霜檢查，完成的蛋白霜
　應能呈現挺直的壁面。

若對書中食譜有任何疑問，或QRcode掃描連結有問題，
都可以寫信給我們：bacostreet1@gmail.com

— 主廚的私房筆記 —

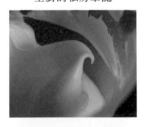

若蛋白打得不夠，翻起來
的狀態會如圖片這樣，有
著彎彎的尖嘴，這是因為
蛋白霜不夠挺立，被自己
的重量給壓彎了。

檢查蛋白霜的動作請
參考QRcode示範。

9. 加入 1/2 蛋白霜至巧克力糊

🕐 30secs

1 先用刮刀輕拌一下巧克力糊，確保質地均勻。

2 加入1/2的蛋白霜，輕輕地把蛋白霜切進巧克
  力糊中。

3 用刮刀將巧克力糊從底部翻上來拌，鋼盆邊緣
  的部分別忘了刮下來。

4 大約攪拌到還看得到黑白交錯的樣子，這時先
  不要拌到全勻，避免消泡。

—主廚的私房筆記—
翻拌的動作要輕巧快速，
太用力會讓蛋白霜消泡！

10. 加入 1/2 粉料至巧克力糊

🕐 30secs

1 取1/2步驟②（P.170）過篩好的粉料，倒入巧
克力糊中。

2 把巧克力糊從底部翻上來，邊翻邊轉動鋼盆，
動作要輕，以免粉噴出來。

3 用刮刀順著鋼盆邊緣刮一圈，把黏在上面的粉
也刮下來拌勻。

4 要攪拌到沒有結塊，看不到粉料顆粒為止。

—— 主廚的私房筆記 ——
先混蛋白霜才混入粉料，
是為了讓巧克力糊先有多
一點水分，方便跟粉料結
合。

11. 加入剩餘蛋白霜

🕐 30secs

1 把剩餘的蛋白霜全部加入巧克力糊中。

2 同前面做法,先用刮刀把蛋白霜切開,切進巧克力糊中。

3 將巧克力糊從底部翻上來攪拌,動作要輕巧。

4 拌至還看得到黑白交錯就好,不要過度攪拌以免消泡。

—主廚的私房筆記—
蛋白霜分次交錯加入,是因為巧克力糊和蛋白霜的質地相差太大,若是一次加入太多蛋白霜,會很難混勻,延長攪拌時間,導致蛋白霜攪拌過度消泡。

12. 加入剩餘粉料 & 測比重

⏱ 1min 30secs

1 把剩餘的粉料全部倒進巧克力糊。

2 同前面做法，用翻拌的方式，輕巧地把巧克力
　糊從底部翻上來。

3 攪拌均勻到看不到粉粒，但也不要拌過頭以免
　消泡。

4 用刮刀撈起巧克力糊檢查，完成的麵糊比重是
　0.46～0.48（見P.181說明），麵糊垂落呈現
　緞帶的摺疊感，並停留2～3秒才慢慢消失。

—主廚的私房筆記—
測比重的速度不能太慢，
因為這個食譜的麵糊輕盈
（含有較多蛋白霜），而
巧克力含有油脂，會讓蛋
白霜逐漸消泡。因此，快
速測好比重後，就要趕快
將麵糊送去烘烤。

13. 測試巧克力糊比重

🕐 1min

1 把比重杯放在秤重器上,先扣除杯子重量(這裡以100ml的比重杯示範)。

2 小心地將巧克力糊倒入比重杯,要倒到稍微高過杯緣,不要倒太少。

3 用抹餡匙靠著杯緣,從中間往兩邊刮平,使巧克力糊表面平整,不高於或低於杯子。

4 把比重杯放回秤重器上,如數字顯示46g,就代表比重是0.46。

—— 主廚的私房筆記 ——

比重=重量÷容積,如果杯子容積是120ml,麵糊刮平後的重量為60g(記得扣除杯重),那60÷120 = 0.5,代表你的麵糊比重為0.5。

比重數字過大=麵糊太重、紮實,可能有消泡或打發不足,比重數字過小=麵糊太輕、膨鬆,可能是打發過度。

14. 倒入模具

 1min

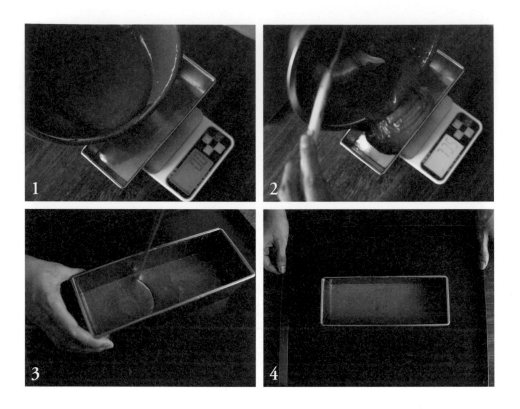

1 把刷好烤盤油的模具，放上秤重器，先扣除模具的重量。

2 定點倒入麵糊150g，不需左右移動（鋼盆朝向自己比較好倒喔）！

3 拿一支筷子，插入麵糊深度約2/3的位置，劃圈攪拌，使麵糊均勻。不要用敲的，那會導致消泡！

4 在模具底下墊一個烤盤，就可以進爐烘烤。

15. 進爐烘烤

🕐 10-15mins

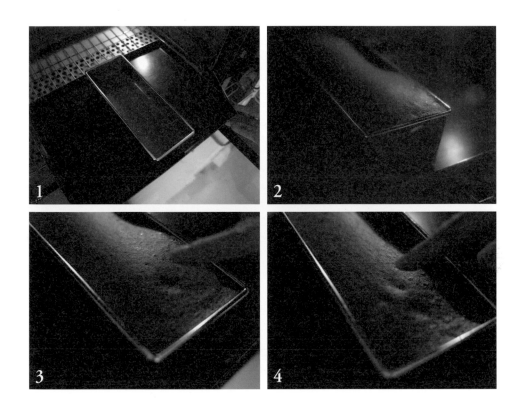

1 將蛋糕放入預熱好的烤箱，烤溫調降為上火
150℃/下火160℃，先烤10分鐘。同時準備一
個置涼架、一張跟置涼架差不多大的烘焙紙，
備用。

2 時間到後，蛋糕會膨脹到約與模具等高，邊緣
組織看起來會有點粗糙。這時不要開烤箱，再
烤2分鐘。

3 總共烘烤12分鐘後，再打開烤箱，用手指輕摸
蛋糕體，若出現凹痕表示蛋糕體彈性不夠，須
要再烤一下（加烤2分鐘）。

4 時間到再次用手指輕摸，若表面摸起來乾爽有
彈性，凹紋也是淺淺的，就可以出爐了。

── 主廚的私房筆記 ──

太早打開烤箱的話，冷風
灌入烤箱，會讓組織尚未
穩固的蛋糕塌陷喔！

16. 出爐

🕐 30secss

1 戴上棉手套取出蛋糕，立刻敲擊排氣。訣竅是
  將蛋糕拉高到與模具差不多的高度，放手自由
  落體，要平整的墜落，注意不要敲歪。

2 一鼓作氣把模具扣到步驟⑮（P.183）的置涼
  架上，過程千萬不能停頓，蛋糕也不能傾斜，
  以免變形。

3 用手在模具背面輕拍，幫助蛋糕脫模。

4 脫模成功的蛋糕不會有缺角，外觀非常完整。

— 主廚的私房筆記 —

出爐的蛋糕不能等，倒扣
的動作也要一氣呵成，所
以一定要先將置涼架和烘
焙紙準備好。

1. 切分蛋糕成兩層

🕐 1min 30secs

組
裝

1 蛋糕體放涼後,用線鋸從蛋糕正中央,將蛋糕
　體橫切成上下兩個長片。

2 從靠近自己身體這一側開始往前切,可以一手
　輕輕壓著蛋糕,另一手左右移動線鋸,過程中
　線鋸都要緊貼桌面。

3 快切完時,用手指輕輕抵住蛋糕末端,會比較
　好施力。記得,線鋸要緊貼桌面。

4 將底層蛋糕從烘焙紙上取下,置於底下放有深
　盤的置涼架上。注意,蛋糕的「蓋子」與「底
　座」不要放反,底座會稍微比較寬、重一點。

──主廚的私房筆記──

如果沒有線鋸,可用「切
蛋糕輔助器」搭配「鋸齒
刀」來切。

2. 曼哥羅醬裝入擠花袋

🕐 1min 30secs

1 將花嘴（SN7066）放入擠花袋，剪出開口，
把前端的擠花袋用拇指塞入花嘴，防止待會灌
入曼哥羅醬時漏出來。

2 將擠花袋套進量杯，把曼哥羅醬挖進去。動作
不能太慢，避免醬升溫變軟。

3 把擠花袋放在桌上，用刮板把裡面的曼哥羅醬
往前推，快速集中醬料到花嘴頭。

4 束緊擠花袋開口，如果醬變軟了，就放入冷藏
30分鐘。

—主廚的私房筆記—

用刮板推醬時，偶爾可以
用手把醬壓扁一點，比較
好推。

3. 擠曼哥羅醬①

🕐 40secs

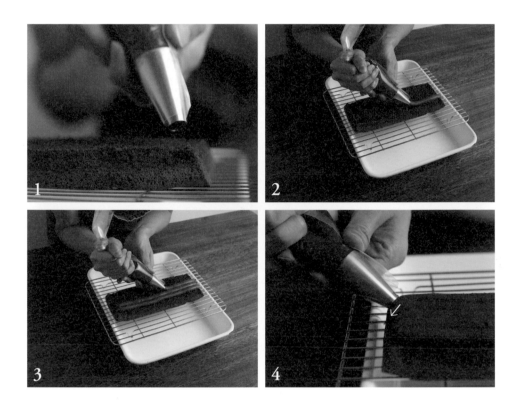

1 一手握著花嘴上方,穩定住花嘴,另一手負責
擠。花嘴稍微傾斜約高於蛋糕體1cm。

2 一手帶動花嘴,一手出力,從蛋糕體的頭往尾
巴方向先擠出第一條曼哥羅醬。

3 繼續第二條曼哥羅醬,注意每一條都要緊貼著
上一條,不要有縫隙。

4 擠到尾端時,要將花嘴斜斜下壓把醬切斷。每
一條都是這樣的收尾方式。

4. 擠曼哥羅醬 ②

🕐 1min

1 以SN7066的花嘴口徑為例,第一層應可擠六
　條,每條都要緊貼在一起。

2 在兩條縫隙的中間擠上第二層,目標是把擠花
　袋裡的醬都擠完。

3 擠到最後,可以用大拇指去推擠花袋,把花嘴
　裡剩餘的醬都擠出來。

4 拿一支小彎角抹刀,把蛋糕體上的曼哥羅醬左
　右來回抹平整。

5. 蓋上蛋糕體蓋子

🕐 1min

1　抹到邊緣時，彎角抹刀斜斜下壓，讓曼哥羅醬
　　變整齊。

2　把蛋糕體的蓋子放上來，有皮的那面要朝上。
　　因為線鋸切過的那面容易掉碎屑，淋醬上去也
　　會凹凸不平。

3　先對齊蛋糕體的一側，放下後再順著方向把整
　　條蛋糕都放好，小心不要歪了。

4　如果側面有醬跑出來，就用抹餡匙抹平，之後
　　的淋面才會平整。接著把蛋糕放保鮮盒冷藏
　　20分鐘。

— 主廚的私房筆記 —

＊蛋糕體側邊盡量不要有
太大的縫隙，否則淋面後
會有缺口。
＊組裝後的蛋糕體要冷藏
20分鐘才可以淋面，因為
淋面的醬是溫熱的，若蛋
糕溫度太高，內餡被淋醬
融化，蛋糕就會歪倒。
＊進冰箱冷藏時，記得要
將蛋糕放保鮮盒密封，避
免風乾或吸附冰箱異味。

製
作
淋
面
醬
、
淋
面

1.熱融巧克力

🕐 1min 25secs

1 鋼杯秤入55%巧克力100g，置於小厚底鍋中隔
水加熱，水不用太多以免鋼杯傾倒。

2 卡式爐開中火加熱巧克力，一邊用刮刀攪拌，
讓巧克力均勻受熱。

3 巧克力會漸漸融化，如果覺得鋼杯會燙，可以
戴上棉手套。

4 攪拌至巧克力完全融化看不到顆粒，質地也光
亮滑順，就可以把鋼杯移開。

—— 主廚的私房筆記 ——
熱水鍋先放一旁備用，若
淋面時巧克力已降溫，就
可以再拿來利用。

2. 熬煮奶液

🕐 2mins

1 取奶油20g切成小丁，和鮮奶油100g一起放入
　厚底鍋，開中火熬煮。

2 注意火不要太大（火焰不超出鍋底邊緣），以
　免鮮奶油過度蒸發，變得太濃稠。

3 較大的奶油塊，可以用耐熱刮刀切開、攪拌，
　讓奶油更容易融化。

4 煮到鍋子邊緣有一圈小冒泡，溫度約80℃左右
　就可以了。

3. 均質淋面醬

🕐 1min

1 將煮好的熱奶液立即倒入步驟①（P.190）的
  巧克力醬中。

2 將均質機攪拌棒傾斜插進鋼杯到底後啟動，棒
  頭要完全浸入液體裡以免打入空氣。

3 均質的過程中動作要輕巧，也不要讓棒頭離開
  鋼杯底部，否則氣泡會太多，淋在蛋糕上也會
  不平整。

4 用刮刀撈醬檢查，附在刮刀上的醬應呈現如圖
  的霧亮感。

—主廚的私房筆記—

如果沒有均質機，可以用
小鋼盆和打蛋器來攪拌淋
面醬，但動作要慢，盡量
避免拌出氣泡，以免影響
外觀。

4. 淋面 ①

🕐 1min

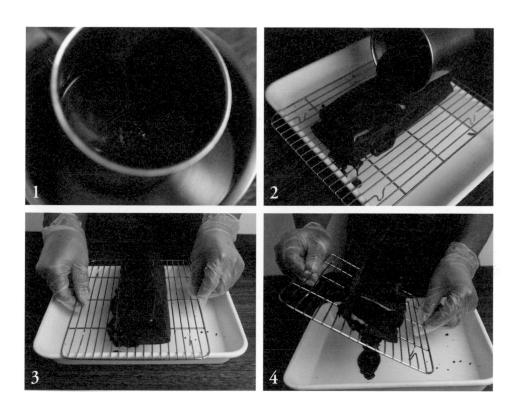

1 淋面前,先用刮刀確認淋面醬的流動性,如果
  太硬就要再隔水加熱。淋醬滴落時應帶有一點
  紋路,不會太明顯但也不會馬上消失。

2 建議將蛋糕體擺橫,比較好操作。沿著蛋糕體
  的長邊淋下,淋的面積大約寬度的2/3。

3 雙手抓著置涼架的兩側,把蛋糕體轉成直向。

4 傾斜置涼架,讓淋面醬自然流到未淋到醬的那
  一側,直到流滿整個蛋糕體表面。動作要快,
  以免淋醬變硬。

—主廚的私房筆記—

這裡的訣竅是一鼓作氣淋
多一點。淋面醬碰到低溫
的蛋糕就會開始凝固,如
果來回地反覆倒醬,就會
出現很醜的層疊紋路,不
會平整漂亮。

5. 淋面 ②

🕐 1min 30secs

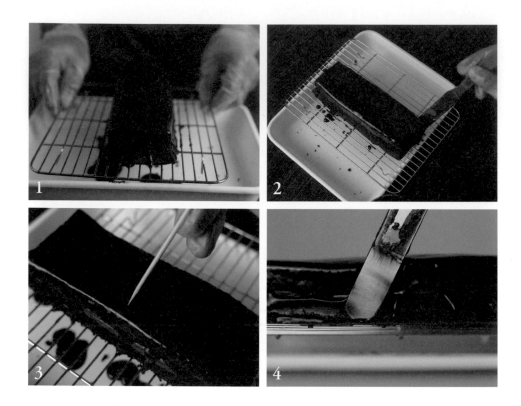

1 敲一敲置涼架，讓多餘的醬流下，這樣吃起來
　才不會太厚、太甜。

2 角落沒淋到醬的地方，就拿抹餡匙舀一些醬補
　上去，再敲一敲置涼架。

3 表面如果有氣泡，可以用竹籤輕輕地戳破。

4 用抹餡匙舀淋面醬抹在蛋糕側面，注意抹餡匙
　不要緊貼蛋糕體，以免剗到蛋糕本身。

—主廚的私房筆記—

氣泡要先戳破，才可以補
側面的淋面醬，以免表面
的醬徹底凝固定型。

6. 移動蛋糕

🕐 1min

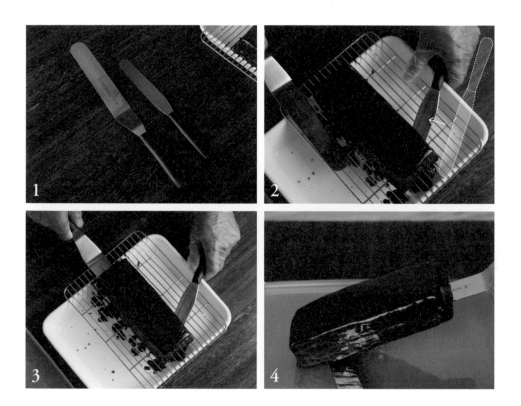

1 準備一支大的彎角抹刀、一支中型抹餡匙（平的）、一個能裝下蛋糕的保鮮盒，將保鮮盒的蓋子反放在桌上。

2 用抹餡匙斜斜插入蛋糕長邊前端的底部，抹餡匙要下壓貼緊置涼架，以免鏟到蛋糕。

3 大彎角抹刀直直插入蛋糕尾端的底部位置，避免鏟到蛋糕。雙手同時往上抬起蛋糕，平行移動到保鮮盒蓋子上。

4 先放下蛋糕體的前端，抽出抹餡匙，再慢慢放下大彎角抹刀把整個蛋糕放下。

7. 冷藏

🕐 1min

1 抹餡匙從蛋糕尾端角落伸入（一點點就好），
　稍微托著蛋糕，將大彎角抹刀抽出（否則大彎
　角抹刀會黏住，不好抽）。

2 最後用大拇指的力量，把抹餡匙往下貼緊保鮮
　盒蓋子，就能把抹餡匙抽出來，也可以避免刮
　到蛋糕。

3 將保鮮盒主體反蓋上去，蛋糕放入冰箱冷藏。

4 冷藏至淋面醬凝固，就可以享用囉！

若對書中食譜有任何疑問，或QRcode掃描連結有問題，
都可以寫信給我們：bacostreet1@gmail.com

更多免費食譜請參考QRcode。

LESSON 5

橙香乳酪蛋糕

香純的奶香與清爽的水果酸味，

看似衝突，

更是一種美味的融合。

一段旅程回憶的再重現

文／陳品卉

2017 年的秋天，我獨自跑去京都旅行。在旅行時，我習慣會安排去當地甜點店的行程，因為我很喜歡在世界各地開拓味覺！那次旅行，我就安排了 grains de vanille（グラン・ヴァニーユ）這間店。雖然京都的大部分景點都要搭公車才能前往，不過還好這家店從地鐵站走路過去就能抵達。

店內的地板和櫃檯都是我喜歡的木質風格，搭配白色的磚牆和木門，非常地乾淨明亮。進入店內，那長長的蛋糕冷藏櫃馬上吸引了我，因為裡面擺滿各式各樣、色彩繽紛的甜點，在我眼中就像鑽石珠寶那樣耀眼，讓我忍不住站在前面欣賞了好久。

我選了一款叫做 Gale（ガレ）的慕斯甜點，是由巧克力慕斯、伯爵茶布蕾、香橙、榛果等元素組合成的，吃了一口，讓我頓時眼睛睜大，像打開了一扇新的大門！香橙和巧克力，一個是酸、一個是偏苦，如果比例沒有拿捏好，就很容易會讓味道變得又酸又苦。但在這裡，每個味道都平衡得剛剛好。而榛果的點綴，更讓我知道原來榛果和香橙可以這麼契合。吃完後，我在心底對自己喊話：「總有一天，我也要把這樣的味道組合呈現在自己的甜點上！」

回來台灣後，我也把這次旅行的所見所聞記錄下來，直到這次為了這本書，又研發了新的食譜。

這次在發想食譜時，我給自己一個很重要的目標：希望設計出來的食譜，做法要很簡單，最好也是用最少的器具、最少的步驟就可以完成，不過，味道上卻絕對不能簡陋。所以我想到了乳酪蛋糕，可以一鍋到底的那種。

然而，這也讓我思考了一下，因為我在貝克街已經研發過許多種的乳酪蛋糕，原味的、大溪地香草、巧克力風味等，因此，這次我想要專為《貝克街私廚甜點課》做新的嘗試。想著想著，那個曾在京都吃到的搭配，在我腦裡一閃而過……我決定用香橙來搭配乳酪。

這款乳酪蛋糕，我選了高梨奶油乳酪搭配新鮮橙皮，因為高梨奶油乳酪風味清爽，不會有奶膩的口感，也不會有過鹹的味道。考慮到果汁加熱後味道會變，所以選用新鮮橙皮而非柳橙汁，同時新鮮橙皮也能完整地展現橙子的香氣。不過削過的橙皮香氣會隨時間揮發，所以一定要在製作蛋糕前才可以刨削，如此才能吃到有如早晨置身在柑橘園時的清香。

至於榛果在這裡則是稱職的配角，不會蓋過香橙和乳酪這兩大主角，它只會在你入口時，驚喜一下！我想榛果就像樂團裡的 Bass 手，雖然不是主角，但卻能使音樂更立體、更有深度。

因為榛果只在底部，所以吃的時候，記得一定要使用叉子，從乳酪往下切到餅乾層，然後張大嘴巴一起吃，那才是我最想讓你吃到的味道和層次。

之前同事在試吃的時候，曾形容說：「吃的時候，覺得自己好像在柑橘園裡，吹著帶有橙香的風、聞著清新的空氣，整個身心靈都舒暢通透了。」這確實是我想要傳遞的感受。因為這款蛋糕吃起來很「舒服」，如果你吃了以後能放鬆心情，讓忙碌緊繃的生活稍微緩一口氣，那就太好了。

材 料

MATERIAL

酥脆層	品名	建議品牌	替代品牌
	榛果粒 30g（取 21g）	土耳其 Giresun 特級	品質好的榛果即可（酥脆層只需使用21g，但要準備30g 來烘烤及打碎）
	無鹽奶油 95g	總統牌	依思尼或萊思克
	低筋麵粉 110g	紫羅蘭	嘉禾牌白菊花
	玉米粉 15g	日正	南北坊
	三溫糖 24g	三井製糖	二號砂糖
	橙皮絲 1g	香吉士	新鮮柳橙即可

橙皮乳酪	品名	建議品牌	替代品牌
	奶油乳酪 383g	北海道高梨	北海道四葉
	三溫糖 87g	三井製糖	二號砂糖
	全蛋 48g	大成 CAS 雞蛋	新鮮雞蛋即可
	蛋黃 20g	大成 CAS 雞蛋	新鮮雞蛋即可
	35% 鮮奶油 48g	總統牌	愛樂薇
	玉米粉 10g	日正	南北坊
	橙皮絲 4g	香吉士	新鮮柳橙即可

1. 處理榛果碎

⏱ 17mins　　🔲 烤箱預熱：上火170℃ / 下火170℃，至少20分鐘

1 **烤箱先預熱上火170℃/下火170℃至少20分鐘**，再取榛果30g放在鋪有烘焙紙的烤盤上，送進預熱好的烤箱，計時10～15分鐘。

2 烤至榛果逼出香氣、呈現金黃色澤，就可以從烤箱中取出放涼。

3 把放涼的榛果倒入調理機中打碎，每打3～5秒就暫停，觀察顆粒大小，才不至於打得太碎。

4 打到像圖片的大小就可以了，太碎會失去口感且出油。之後秤出榛果碎21g備用。

—主廚的私房筆記—

也可以把榛果裝進夾鏈袋，用擀麵棍敲碎，可以更精準控制你想要的顆粒大小，只是會費力一點。

2. 裁剪紙模

🕐 3mins　　🔲 烤箱預熱：上火175℃ / 下火175℃，至少20分鐘

1 烤箱先預熱上火175℃/下火175℃至少20分鐘，再將6吋圓模（型號SN5021）底盤放在烘焙紙上，用鉛筆 沿著底盤邊緣畫出圓形，剪下來。

2 另外剪一條長方形烘焙紙做圍邊，尺寸為8cm × 50cm。

3 把圓形紙鋪在模具底部、長方形紙繞著模具內部圍一圈。注意鉛筆痕跡那面要朝下，才不會接觸到麵糊。

4 圍邊的長方形烘焙紙要高出模具約2cm，防止乳酪麵糊烘烤後膨脹溢出。

—主廚的私房筆記—

食譜推薦的烘焙紙並沒有正、反面之分，不必煩惱該用哪一面。推薦品牌：妙潔萬用料理紙。

3.混合奶油、粉料 & 糖

🕐 1min

1 取冷藏奶油95g切成丁狀，事先放入冷凍，要
　 冰到手指捏不下去的硬度。

2 將冰硬的奶油丁95g、低筋麵粉110g、玉米粉
　 15g、三溫糖24g，一起放入調理機中，高速
　 攪打。

3 每打幾秒就暫停做檢查，如果還有殘留大塊的
　 奶油就繼續攪打，打到呈細碎狀即可，不要打
　 過頭。

4 像這樣呈現乾爽鬆散的細碎狀，就可以了。

—— 主廚的私房筆記 ——

粉料若卡在蓋子內側，用
手拍拍攪拌機和蓋子，就
可以拍下來了。請注意調
理機本身的溫度，曾有學
徒剛用熱水洗完調理機，
擦乾就拿來打奶油，結果
奶油遇熱就融化了。

4. 加入榛果、橙皮絲

🕐 1min

1 倒入榛果碎粒21g，用調理機打2～3秒，混勻
　就好，不用打太久。

2 加入用刨刀刨出的橙皮絲1g，再打2～3秒，混
　勻就好。

3 混勻的樣子要像圖片，呈現鬆散、沙沙的細碎
　狀。

4 如果出現這樣大且油亮有光澤的結塊，就表示
　奶油融化了，會影響口感，記得不要打太久！

—主廚的私房筆記—

用檸檬刨刀刨橙皮絲時，
不要刨到白色那層，那會
吃起來苦苦的。

5. 入模

🕐 1min 30secs

1 將圓模擺在秤重器上，扣除重量，用湯匙舀酥
　脆層碎粒80g放入模具中。

2 用湯匙輕輕將酥脆層碎粒壓平，不要重壓，否
　則碎粒會沾黏在湯匙上。

3 邊緣一圈要壓實，烘烤完成的酥脆層才不會從
　這裡裂開。

4 戴上手套，用手直接壓讓碎粒更緊實、平整。
　記住動作要快，避免奶油融化。

—— 主廚的私房筆記 ——

如果酥脆層開始黏手，就
把酥脆層送冰箱冷凍15〜
20分鐘，再繼續動作。

6. 進爐烘烤 & 出爐

🕐 20mins

1 將模具放在烤盤上,送進預熱好的烤箱。進爐
　後,溫度要調成上火165℃/下火165℃,先計
　時15分鐘。

2 時間到時,先觀察酥脆層表面的顏色,若像圖
　這樣就還太白,要繼續烘烤。每次加烤1~2分
　鐘,就要檢查顏色。

3 烤到表面呈現圖片的金黃色,就可以出爐了。

4 放在置涼架上,放涼備用。若當天沒有使用,
　可以用保鮮膜密封好,放入冷凍保存。

—主廚的私房筆記—

餅乾的上色程度,會大大
影響酥脆層香氣,帶點奶
油酥餅的香氣是這款蛋糕
的美味祕訣之一!

1. 奶油乳酪加入三溫糖

🕐 1min　　🔲 烤箱預熱：上火180℃ / 下火180℃，至少20分鐘

1 烤箱先預熱上火180℃/下火180℃至少20分鐘，再取奶油乳酪383g室溫放軟，放至打蛋器可以輕易刮出紋路（約19～21℃）的程度，用電動打蛋器徹底打軟。

2 加入三溫糖87g，先用電動打蛋器慢速攪拌，糖混入奶油後，再改用高速拌勻。

3 打蛋器不容易拌到的底部及邊緣，要用刮刀刮起，再繼續打勻。

4 打到看不見糖粒、質地均勻為止。

—主廚的私房筆記—

別瞧不起這種打一打、刮一刮的無聊動作，奶油乳酪若是沒有均勻打軟，就無法和後續的食材結合，成品吃起來就會口感分離，這都是細節！

2.加入蛋液、鮮奶油 ①

🕐 45secs

1 秤全蛋48g、蛋黃20g（以下簡稱「蛋液」）
　放在一起，然後倒入1/3至步驟①（P.212）的
　奶油乳酪裡。

2 使用電動打蛋器高速攪打。一次下太多水分會
　導致油水分離，所以蛋液一定要分多次下！

3 打勻後，才可以再加入1/3左右的蛋液，繼續
　以電動打蛋器高速攪打。

4 用刮刀將沉積在量杯底部的蛋液刮上來，繼續
　打勻。

—主廚的私房筆記—

如果還看得到黃白交錯的
樣子，表示蛋液跟奶油乳
酪還沒完全混合，要繼續
攪拌喔！

3. 加入蛋液、鮮奶油 ②

🕐 1min

1 加入剩餘蛋液，繼續以電動打蛋器高速攪打。

2 打到質地均勻，看不到水水的液體即可。

3 倒入鮮奶油48g，量杯中殘留的鮮奶油也要刮
　下來，才不會浪費。

4 打到質地均勻，看不到鮮奶油的白色液體。

4. 加入玉米粉、橙皮絲

🕐 1min

1 加入玉米粉10g。

2 使用電動打蛋器中速攪打，打到看不見粉末。

3 加入用檸檬刨刀刨的橙皮絲4g，繼續使用中速
  稍微打勻，不用打太久。

4 用刮刀撈起檢查，狀態應該是均勻滑順、顏色
  均一，只有些微的橙皮絲散布其中。

— 主廚的私房筆記 —

雖然均勻很重要，但千萬
別為了均勻而打太久，那
會造成打發過度，乳酪蛋
糕的口感會過於膨鬆且吃
起來奶膩。食譜步驟標示
的大約花費時間，可以供
大家參考。

5. 入模 & 烘烤

🕐 50mins

1 用鋁箔紙將模具外圍仔細包好，不能有任何破洞（以免水跑進去），再將橙香乳酪全部倒入模具。

2 拿一支筷子插入橙香乳酪中，劃小圈圈讓表面平整一點。筷子約插入麵糊的1/3深度即可，輕巧快速地劃圈。

3 蛋糕先放入深烤盤，再放入烤箱。接著倒入2cm高的滾水到烤盤上。

4 進爐後，烤溫調降為上火170℃/下火170℃，烘烤40〜45分鐘。

— 主廚的私房筆記 —

＊乳酪麵糊做完再煮熱水就可以了，這款蛋糕不用擔心會消泡。

＊蒸烤用的水必須是很熱的熱水，否則會嚴重影響蛋糕烘烤。若水溫太低，蛋糕頭頂會先被烤熟，造成頭熟腳生的窘況。

＊蛋糕放入烤箱後才倒熱水是為了安全考量，端著裝滿滾水的盤子太危險。

＊倒熱水的動作太慢將導致烤箱內的溫度下降，可能需要延長烘烤時間。

6. 出爐 & 脫模

1 烤到表面均勻上色，且用手輕摸蛋糕，感覺乾
  爽有彈性就可以了。若感覺有濕氣、黏手，就
  加烤1～2分鐘再觀察。

2 出爐後不要敲擊，先拿掉鋁箔紙，在置涼架上
  放到微溫（約30℃，約60分鐘），再把蛋糕體
  從底盤由下往上推出來。

3 完全放涼後，輕輕撕掉烘焙紙，以免蛋糕體裡
  的多餘濕氣無法排出。此時的蛋糕體還不夠凝
  固，模具底盤先不要拿掉。

4 放入蛋糕盒或保鮮盒，密封冷凍兩小時。

—主廚的私房筆記—

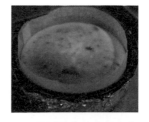

如果蛋糕體表面的顏色像
這樣不夠金黃，就要再繼
續烤。對烘烤狀態判斷沒
自信的話，可以把上火調
降至160℃，繼續烤5分
鐘，確保燜熟蛋糕。

7. 脫模底盤

1 從冰箱取出冰硬的乳酪蛋糕，拿一支小抹餡匙
插入底盤和烘焙紙之間，小心不要鏟到蛋糕。

2 一邊轉動蛋糕，一邊用小抹餡匙輕輕地劃底部
一圈，掉屑是正常的，不要鏟到蛋糕就好。

3 劃完一圈後，就能輕鬆地取下底盤，再撕掉底
部的烘焙紙。

4 把橙香乳酪放到平盤上，用檸檬刨刀刨些橙皮
絲裝飾，就完成了！

若對書中食譜有任何疑問，或QRcode掃描連結有問題，
都可以寫信給我們：bacostreet1@gmail.com

更多免費食譜請參考QRcode。

LESSON 6

巧克力軟心酥餅

每一口食物的滋味，

都能牽動腦中的記憶，

你最懷念的回憶是什麼呢？

從苦澀磨練中萃取出的甜滋味

文／王繁捷

　　我在 19 歲的時候，到台中當了兩年的傳教士。對，就是你平常在路上看到兩個外國人騎著腳踏車的那種。一般人看傳教士在大太陽下騎腳踏車，都會覺得很辛苦，但事實上在整個傳教生活裡，騎腳踏車是最輕鬆的事情！

　　那時每天早上六點半起床就要去慢跑三十分鐘，然後洗澡、吃早餐、閱讀學習傳教的技巧（外國人是學中文），接著才會去外面傳教。通常我們會待在郵局前面，或是大賣場外等人多的地方，去和陌生人講話。

　　一整天下來，被翻白眼、拒絕上百次很正常，而且一直到晚上九點鐘前，

除了吃飯之外沒有停下來過。九點回到家洗澡，和領袖報告當日收穫，再和同伴做好隔天的計畫，十點半上床睡覺。

　　兩年的傳教生活，只有母親節、過年才能打電話和家人聯絡，其他時間只能每週寫一次信，也不能看電影、聽音樂、玩電動等等，頂多每週三有六小時的時間，讓我們打球或爬山放鬆。這段時間非常辛苦，就算碰到了難過的事情，也無法和家人朋友訴苦，只能不斷地面對陌生人繼續傳教。也因為娛樂很少，所以「吃」變成傳教士很重要的娛樂。可是，有一個問題，我們的錢也很少，根本不可能到高級餐廳去享受，只能吃一些垃圾食物。

　　於是每週三，我都會去家樂福買一桶三十九元的冰淇淋和一整罐的洋芋片，然後一口氣吃光，這就是我紓壓的時間。

　　後來我遇到一位從澳洲來的傳教士，他跟我說：「嘿，你知不知道有一種長方形的巧克力餅乾，你把它從兩端對角各咬一小口之後，再用它去吸熱巧克力牛奶，然後把餅乾一整個塞到嘴裡，會超級好吃？」

　　我搖搖頭：「不知道，那是什麼巧克力？」他神祕地笑了笑：「它叫 Tim Tam，我發現屈臣氏有賣，下次帶你去找。」現在台灣到處都買得到 Tim Tam，可是在我 19 歲的時候這東西很稀有，只有少數幾間店有賣而已。

　　聽他形容得這麼神奇，我迫不及待地買了 Tim Tam 回來嘗試，配上熱巧克力牛奶塞進嘴的那一刻，我整個身心彷彿都得到了治癒！從那時起，有很長一

段時間，我每天早餐都吃 Tim Tam 配熱巧克力，幫助我面對接下來一整天的挫折和白眼。

對現在的我來說，Tim Tam 太甜了，味道也不夠好，但是它在我以前最困難的日子扮演了重要的角色，對我來說意義重大。所以在貝克街的巧克力甜點線上課，我請品卉設計一款類似 Tim Tam 的產品。

品卉設計得非常成功，最後的成品比 Tim Tam 更好吃，我們取名為「三秒可可酥餅」。會這樣叫，是因為餅乾去吸熱巧克力牛奶後，要在三秒內塞到嘴裡才會最好吃，不然會整個化掉。不過這款產品的做法比較複雜，吃的時候也麻煩（因為還要泡熱巧克力牛奶），所以我們想要修改一下，不需要配上熱巧克力牛奶，也能有爆炸性的美味。

後來品卉的做法是，用兩片沙布列餅乾夾住柔軟的巧克力蛋糕，吃起來就和用 Tim Tam 吸熱可可的感覺類似，只是甜度降低，口感、香氣更棒！而且中間那層蛋糕的由來，也有它的故事在。

好幾年前，有個員工在做綠玉皇冠的蛋糕體時，操作上不小心，導致最後烤出來的蛋糕底部炸開，就像長了一圈的裙子。我們把那圈裙子剝下來試吃，意外發現還滿好吃的！

後來品卉在測試這款產品的時候，我們想像中間夾層，如果可以放入以前那炸開來的裙子，也許會適合。一試之下果然大成功，每個人都超愛。酥脆的外殼夾著軟綿濕潤的巧克力蛋糕，兩種口感是最好的搭配。當然，這產品對我

來說也有不同的意義，因為它代表著我過去那辛苦的兩年，希望你在吃的時候，也能被這美味給打動。

　　p.s. 雖然傳教很辛苦，可是我因為那兩年的磨練進步很多，可以說要是沒有那兩年，就不會有現在的貝克街。

LESSON 6 巧克力軟心酥餅

材 料

MATERIAL

	品名	建議品牌	替代品牌
72%甘奈許	72% 巧克力 57g	米歇爾 72% 卡亞碧巧克力	可可巴芮 72% 委內瑞拉巧克力
	無鹽奶油 16g	總統牌	依思尼或萊思克
	35% 鮮奶油 38g	總統牌	愛樂薇
	全脂牛奶 38g	六甲田莊	乳香世家或瑞穗鮮乳

	品名	建議品牌	替代品牌
沙布列餅乾	低筋麵粉 76g	日清紫羅蘭	嘉禾牌白菊花
	可可粉 8g	可可巴芮	米歇爾・柯茲
	無鹽奶油 62g	總統牌	依思尼或萊思克
	糖粉 41g	日正	一般品牌皆可
	細鹽 0.5g	紐西蘭細精鹽	一般細鹽皆可
	全蛋 12g	大成 CAS 雞蛋	新鮮雞蛋即可

	品名	建議品牌	替代品牌
離模奶油膏	無鹽奶油 30g	總統牌	依思尼或萊思克
	高筋麵粉 10g	日清山茶花	嘉禾牌

	品名	建議品牌	替代品牌
軟心巧克力蛋糕	低筋麵粉 48g	日清紫羅蘭	嘉禾牌白菊花
	可可粉 13g	可可巴芮	米歇爾・柯茲
	泡打粉 1g	朗佛德	德國 Lecker's
	72% 巧克力 39g	米歇爾 72% 卡亞碧巧克力	可可巴芮 72% 委內瑞拉巧克力
	無鹽奶油 83g	總統牌	依思尼或萊思克
	細砂糖 39g	台糖	一般品牌皆可
	細鹽 1g	紐西蘭細精鹽	一般品牌皆可
	糖粉 23g	日正	一般品牌皆可
	蛋黃 25g	大成 CAS 雞蛋	新鮮雞蛋即可
	榛果粉 8g	土耳其 Giresun 去皮榛果粉	去皮或者帶皮的榛果粉皆可

	品名	建議品牌	替代品牌
組裝	鹽之花	法國給宏德	一般海鹽即可

製作72%甘奈許

1.熱融巧克力

 1min 30secs

1 煮一鍋熱水，水開始冒煙（約80℃）就關火。

2 在鋼盆裡秤入72%巧克力57g，放到熱水鍋上
隔水加熱，同時用耐熱刮刀攪拌。這樣受熱才
會均勻。

3 持續攪拌，如果巧克力未能均勻受熱，會容易
燒出焦味。

4 攪拌到巧克力完全融化看不到顆粒，質地光亮
滑順，就可以拿開了。

—主廚的私房筆記—

熱水鍋先不要倒掉，放一
旁備用。若巧克力降溫，
可以再利用來加熱。

2. 熬煮奶液

🕐 2mins

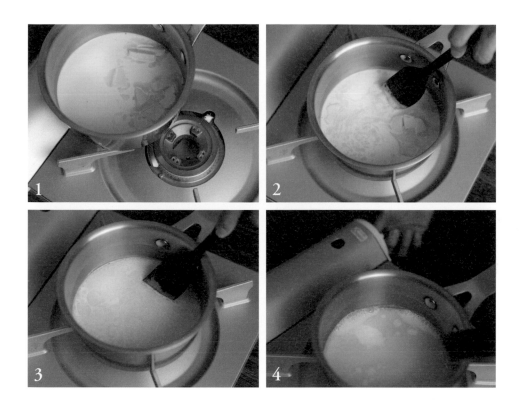

1 取奶油16g切成小丁,和鮮奶油38g、牛奶38g
放入厚底鍋中,開中火熬煮(火焰不可超出鍋
子底部邊緣)。

2 用耐熱刮刀攪拌。注意火不要太大,以免水分
蒸發太多,造成奶液太濃稠或油水分離。

3 如果有比較大的奶油塊,可以用刮刀把奶油壓
散,加速融化。

4 煮到鍋子邊緣有一圈小冒泡,溫度在80℃左右
就可以了。

3. 攪拌至乳化完成①

🕐 1min 30secs

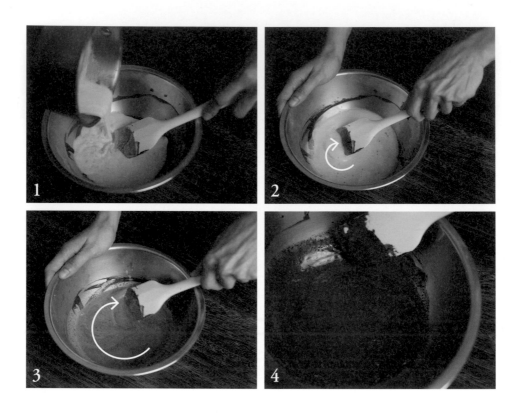

1 將煮至小滾的奶液，趁熱一口氣倒入巧克力醬中。

2 用刮刀從中心點壓著底部劃小圈，一開始力道要輕，以免奶液噴出去。

3 待中間的巧克力豆融化後，劃圈的範圍就可以慢慢往外擴大，質地也會開始變稠。

4 攪拌時邊緣有點分離的樣子是正常的，繼續攪拌就好。

—— 主廚的私房筆記 ——
注意攪拌速度不要太快，免得攪出氣泡，讓口感變差且混入空氣中的細菌。用刮刀而非打蛋器，也是為了減少氣泡產生。

4.攪拌至乳化完成②

🕐 1min 30secs

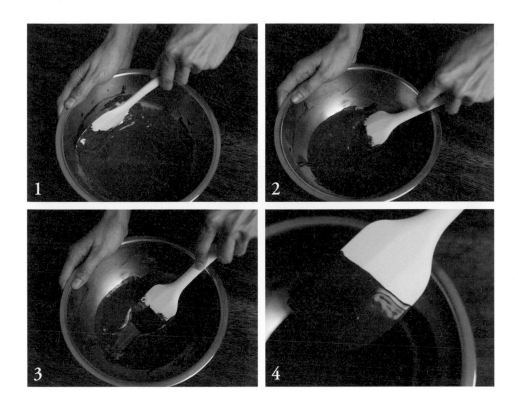

1 攪拌途中，偶爾要用刮刀緊貼鋼盆邊緣，把沒
  有攪拌到的地方也刮下來，否則邊緣的醬會風
  乾凝固。

2 要感覺刮刀有確實壓著鋼盆底部摩擦攪拌，這
  是避免攪出氣泡的訣竅！

3 刮開底部檢查，快完成的巧克力糊質地會像這
  樣，刮開後不會立即合起來。

4 攪拌完成後檢查一下附在刮刀上的巧克力糊，
  表面應呈現霧亮感（此時的溫度約38～40℃，
  若太低就再隔水加熱）。

5. 過篩甘奈許

🕐 1min

1 將小篩網架在500cc量杯上，甘奈許慢慢倒入
　網中過篩，篩掉雜質，讓口感更細緻。

2 鋼盆裡的甘奈許，記得用刮刀刮乾淨，不要浪
　費了。

3 用刮刀把篩網中的甘奈許壓下去過篩。

4 換一支乾淨的刮刀，把篩網底部也刮乾淨，才
　不會浪費。

6. 密封冷藏

🕐 1min

1 取一張保鮮膜,保鮮膜的大小要超出量杯。

2 用拳頭輕輕把保鮮膜往下壓,讓保鮮膜緊貼甘
  奈許表面,避免水氣凝結影響品質。

3 用手指頭輕壓杯子內側,讓保鮮膜確實跟杯子
  內緣密合。

4 杯子外側再封上一層保鮮膜,放進冰箱冷藏至
  少 6 小時,除了讓質地穩固外,風味層次也會
  更提升。

—主廚的私房筆記—

如果保鮮膜只封住杯口,
沒有貼著醬,冷藏期間甘
奈許蒸發的水分會凝結在
保鮮膜上,滴回醬裡而影
響品質。

製
作
沙
布
列
餅
乾

1. 過篩粉料

🕐 1min

1 鋼盆上放一支篩網，秤入低筋麵粉76g、可可粉8g。

2 用手輕敲篩網側面，幫助粉料過篩（要用時才過篩，避免放太久，麵粉吸附濕氣結塊！）

3 用打蛋器攪拌，讓可可粉和麵粉混合。這樣做可以在下粉時確保攪拌更順利，且每次下粉的時候會更均勻。

4 混合均勻後，放一旁備用。注意別放在濕氣重的位置（如：剛才隔水加熱的熱水旁）。

— 主廚的私房筆記 —

除了輕敲篩網，也可以用湯匙劃圈輕壓粉料過篩。這做法雖然慢，但可以避免粉灑到桌上（可依個人習慣選擇）。

2. 打散軟化奶油

⏱ 40secs

1 取出62g的奶油切丁，置於室溫，軟化到19～21℃。

2 使用電動打蛋器將奶油打散、打軟。

3 電動打蛋器不容易攪拌到的底部及邊緣，要用刮刀刮一刮。

4 再次使用電動打蛋器打勻，打到質地柔軟，看不到奶油塊即可。

—主廚的私房筆記—

因為形狀限制，打蛋器無法完全打到量杯的底部，因此在混合材料時，用刮刀刮起底部、邊緣的奶油是很重要的動作。

3. 加入糖粉 & 鹽

⏱ 45secs

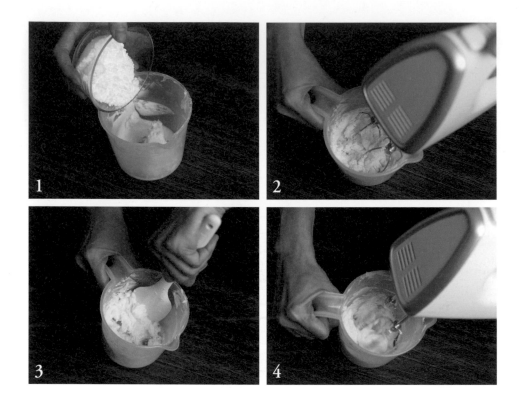

1 將糖粉41g、細鹽0.5g倒入軟化的奶油中。

2 電動打蛋器先用慢速攪拌,避免糖粉亂噴。等
糖粉混入奶油後,再以高速攪拌。

3 用刮刀把量杯邊緣及底部的糖粉刮起來,繼續
攪拌。

4 用電動打蛋器攪拌到均勻,不要打太久,以免
奶油融化。

—主廚的私房筆記—
先將軟化奶油打散,再加
入糖粉、鹽巴,會比較好
打勻。

4.加入蛋液

 1min

1 倒入常溫的全蛋液12g。如果蛋液溫度太低，
　會在攪拌時讓奶油凝固，導致分離。

2 使用電動打蛋器用中速攪拌。

3 要攪拌到蛋液跟奶油霜完全混合，如果沒打均
　匀，麵糊看起來會像圖片水水爛爛的。

4 將量杯底部、邊緣沒攪拌到的奶油霜，繼續用
　刮刀攪拌至均匀滑順、看不到水水的蛋液，才
　算完成。

—主廚的私房筆記—
這配方所使用的蛋液只有
12g，用量不算多，應該
很好乳化，但也別因此而
輕忽大意。若是沒有乳化
均匀，餅乾烘烤時很容易
分離出油。

製
作
沙
布
列
餅
乾

5.分次加入粉料 ①

🕐 45secs

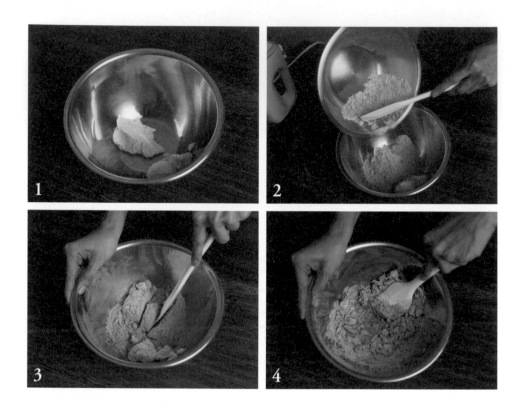

1 把步驟④（P.237）的麵糊倒入深鋼盆，待會
加入麵粉時才會比較好攪拌。

2 將步驟①（P.234）過篩好的粉料，倒入1/2至
鋼盆裡。

3 用刮刀將粉料切進麵糊中。

4 刮刀輕輕按壓，把粉料壓進麵糊裡。壓拌的動
作是：
a.切
b.翻起麵糊
c.壓
以上重複動作。

— 主廚的私房筆記 —
這個動作叫「壓拌」，碰
到比較乾、比較紮實的材
料時，把食材翻起、下壓
可以幫助食材結合，是做
甜點很重要的攪拌技巧。

6. 分次加入粉料②

🕐 45secs

1 經過不斷的壓拌，麵粉與奶油會越來越融合。

2 不時用刮刀貼著鋼盆邊緣刮一圈，把沒攪拌到
  的粉料刮下來。

3 繼續壓拌到還看得到一些粉料、大致都混合進
  去就好。

4 再將剩餘的粉料一口氣倒入鋼盆。

—主廚的私房筆記—

粉料分兩次加入，是為了
減少操作難度。因為麵糊
帶有水分，若是一口氣加
入大量粉料，在你攪拌均
勻前，會有部分的麵粉先
吸水結塊，造成攪拌的難
度增加。

7. 分次加入粉料 ③

🕐 45secs

1 跟前面的動作一樣,先用刮刀切拌,把粉料切
　進麵糊裡。

2 再以壓拌的方式,將粉料壓進去。

3 用刮刀沿著鋼盆邊緣刮一圈,把邊緣的粉刮下
　來壓拌。

4 待所有的粉料和麵糊充分混合,看不到白白的
　粉時就不要再攪拌了,否則麵團會出筋,口感
　也會變硬。

—主廚的私房筆記—
攪拌過程中,別忘了刮刀
本身也會沾黏奶油霜,要
刮下來和其他材料拌勻!

8. 麵團整形 & 擀平 ①

🕐 1min 30secs

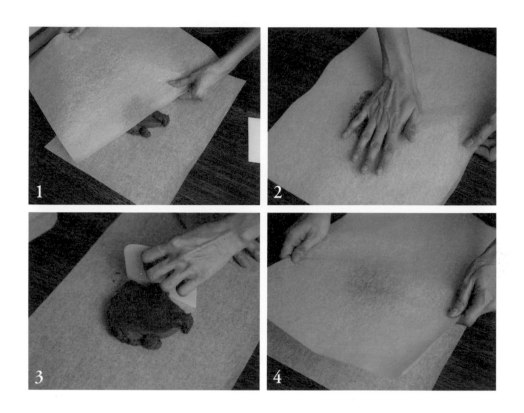

1 取兩張烘焙紙,將麵團放到其中一張烘焙紙的中央,再蓋上另一張烘焙紙。

2 隔著烘焙紙,用手輕輕地把麵團壓平整。

3 拿掉上面的烘焙紙,用刮板把麵團整成方形。

4 再蓋上烘焙紙,就可以準備擀麵團了。

—主廚的私房筆記—

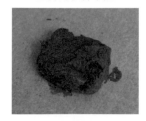

大致整成這樣的方形就好,不需要很工整,這只是為了方便之後的整形、擀平而已。

9. 麵團整形 & 擀平 ②

🕐 1min 30secs

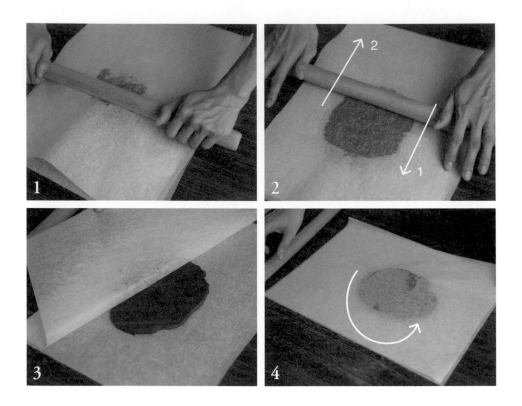

1 先用擀麵棍輕壓麵團,每一個地方都要壓扁一
　點。

2 從正中央的麵團開始,先往前擀開,再往自己
　身體的方向擀,注意力道要平均,才不會厚薄
　不一。

3 如果推擀時,感覺麵團被黏住,就要掀開烘焙
　紙,再蓋回去繼續動作。

4 將麵團連同烘焙紙轉90度,換個方向擀平。

—— 主廚的私房筆記 ——
麵團蓋上烘焙紙可以防止
擀平時沾黏,若麵團真的
太黏,可以把麵團連同烘
焙紙冷凍3～5分鐘降溫,
再繼續操作。

10. 麵團整形 & 擀平 ③

🕐 1min 30secs　🔲 烤箱預熱：上火180℃ / 下火180℃，至少20分鐘

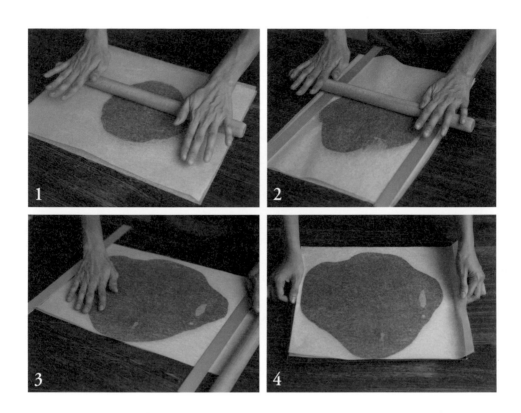

1 麵團轉方向後，一樣從中間位置開始，先往前再往自己的方向擀。記得要不時掀開烘焙紙防止沾黏。

2 麵團擀薄後，在兩側放上0.2cm厚的鋁條輔助，讓麵團厚度一致。

3 因為肉眼很難看出麵團是否平整，所以可以用手摸，檢查是否平整。如有不平，就繼續擀到平整為止。

4 擀好連同烘焙紙一起放上烤盤，再放入冷凍庫約45～60分鐘，這次要冰硬一點。麵團冷凍的同時，烤箱預熱上火180℃/下火180℃至少20分鐘。

—主廚的私房筆記—

＊擀的過程中，也可以用推的方式來推平麵團（看自己喜好）。
＊如果沒有鋁條，也可以直接擀到0.2cm的薄度，注意不能太厚，否則會影響口感。

11. 麵團壓模

🕐 2mins

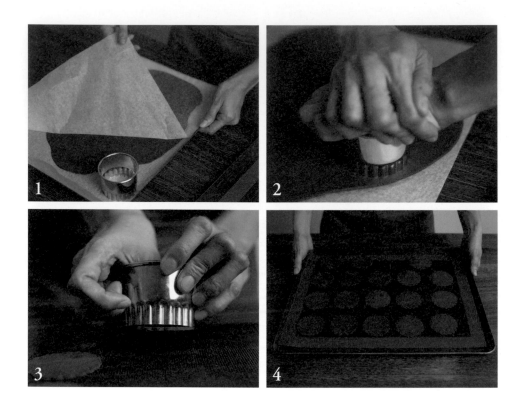

1 烤箱預熱至少30分鐘後,準備一個鋪有透氣烤墊的烤盤,再將麵團從冷凍庫取出,並掀開烘焙紙。

2 以壓模器(型號SN3826)壓出花型(大約可壓18片),速度要快,避免麵團軟掉不好操作。若擔心動作太慢,可以把麵團墊在預先冷凍過的烤盤上。

3 用大拇指將麵團推出來,如果很難推,代表麵團溫度太高或壓模器有黏到麵團。

4 將壓好的餅乾麵團排在透氣烤墊上,就可以進爐烘烤了。

—主廚的私房筆記—

剩餘的零碎麵團可以用刮板集中,再按前述方法擀平、冰硬、壓出花型,就能再多烤些餅乾自己吃。

12. 進爐烘烤

🕐 10mins

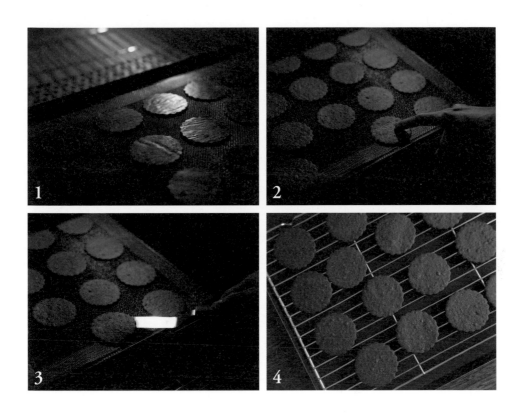

1　將餅乾麵團放入預熱好的烤箱下層，調降溫度至上火170℃/下火170℃，先計時 8分鐘。

2　時間到時，先用手輕摸餅乾表面，若乾爽無濕氣，就是烤好了（若還沒烤好，以每次1分鐘的方式加烤）。

3　逐片檢查，將烤好的餅乾用彎角抹刀鏟到置涼架上，先烤好的先出爐。

4　將完全放涼的餅乾，放進密封盒，以免受潮。

—— 主廚的私房筆記 ——

使用透氣烤墊，能讓烤箱底部熱氣均勻傳導，餅乾才不會有凹凸不平的狀況，也比較容易烤透。

製作離模奶油膏

1. 製作離模奶油膏

🕐 45secs　　🖳 烤箱預熱：上火170℃ / 下火170℃，至少20分鐘

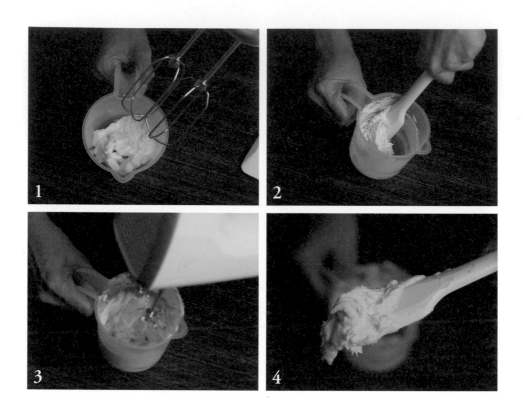

1 烤箱先預熱上火170℃/ 火170℃至少20分鐘。
　取無鹽奶油30g、高筋麵粉10g放入250cc量
　杯，電動打蛋器先以慢速將麵粉打進奶油後，
　再用高速打散。

2 量杯底部和邊緣不容易攪拌到的地方，要用刮
　刀刮起來混合。

3 繼續使用電動打蛋器攪拌，把不均勻的地方都
　打勻。

4 打到質地均勻，看不到白白的粉，離模奶油膏
　就完成了。

──主廚的私房筆記──
離模奶油膏的脫膜效果，
會比單純只刷奶油、只鋪
麵粉都強上許多，是烘焙
人必學的好技巧！

1. 過篩粉料 & 模具刷油

🕑 2mins

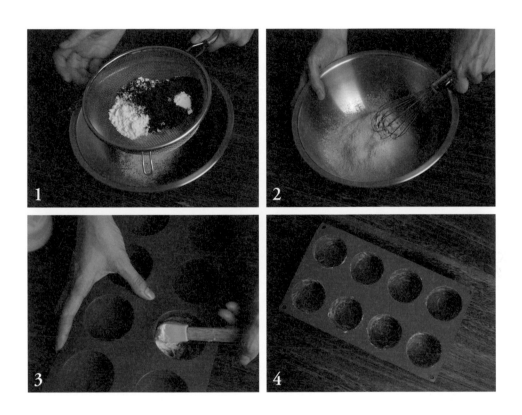

1 將低筋麵粉48g、可可粉13g和泡打粉1g秤入篩網中，再用手輕敲篩網側邊，幫助粉料過篩到鋼盆裡。

2 用打蛋器把粉料攪勻，放一旁備用（為避免粉料放太久會受潮，製作前再過篩即可）。

3 用矽膠刷在模具（PAVONI FR017）內部刷上離模奶油膏，底部和側面都要均勻刷上，不然會很難脫模。

4 模具的每個凹槽都刷上離模奶油膏後，放一旁備用。

—主廚的私房筆記—

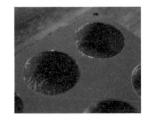

離模奶油膏的厚度要像這樣，刷太厚的話，烤出來的蛋糕會有白色痕跡。

2. 熱融巧克力

🕐 1min 25secs

1 煮一鍋熱水至邊緣小滾（約80℃）後關火。在鋼盆中秤入72%巧克力39g，放熱水鍋上，隔水熱融巧克力。

2 用耐熱刮刀攪拌，讓巧克力慢慢融化。

3 攪拌到巧克力融化均勻，看不到顆粒即可。

4 融化好的巧克力溫度大約38～40℃（熱水鍋先放一旁備著，若巧克力降溫可再使用）。

— 主廚的私房筆記 —

攪拌時如果巧克力豆黏在刮刀上不易融化，可用抹餡匙把巧克力刮下來。

3. 製作奶油霜

 1min

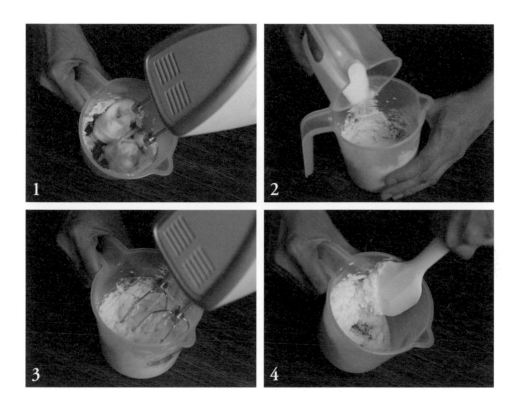

1 先秤奶油83g到量杯裡，室溫放軟（約
   19～21℃）。將軟化的奶油放入500cc量杯
   中，用電動打蛋器打散。中途記得用刮刀刮一
   刮量杯的邊緣、底部，確保均勻。

2 把砂糖39g與鹽1g，加進奶油裡。

3 電動打蛋器以中速攪拌奶油。

4 用刮刀把邊緣和底部不容易拌到的地方刮起
   來，繼續打勻。

4. 加入糖粉打發

🕐 2mins

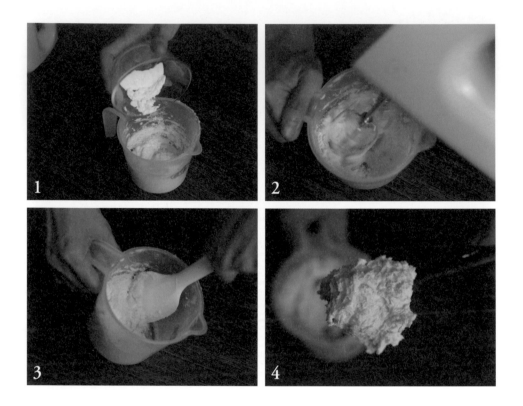

1 秤糖粉23g用小篩網過篩後，加入奶油霜中。

2 電動打蛋器先以慢速攪拌，待糖粉混入奶油霜
後再用高速攪拌，避免糖粉噴出。

3 用刮刀把量杯邊緣和底部，不容易拌到的奶油
霜都刮起來，繼續打勻。

4 打到奶油霜顏色變白、呈現如圖中的毛絨狀，
就可以了。

—— 主廚的私房筆記 ——

＊糖粉不能和砂糖、鹽巴
一起下。若是一次下太多
糖料，會很難混勻。
＊奶油霜顏色會變白，是
因為打入空氣使奶油霜膨
脹了，這是蛋糕體膨鬆口
感的重要來源之一。

5.加入蛋黃

 1min

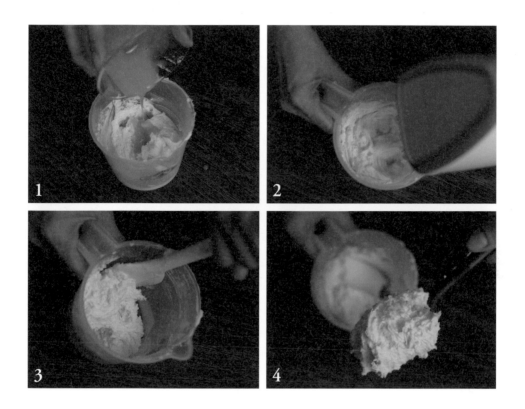

1 倒入蛋黃25g，把殘留在容器裡的蛋黃都刮下
　來，才不會耗損太多。

2 電動打蛋器以高速攪拌，混合蛋黃和奶油霜。

3 量杯邊緣和底部難拌到的奶油霜，要用刮刀刮
　起來繼續打均勻。

4 攪拌到蛋跟奶油霜完全混合均勻，但也不要攪
　拌太久，以免奶油融化。

—主廚的私房筆記—

如果沒打均勻的話，奶油
霜看起來會像這樣水水爛
爛的，蛋糕會出油分離。

6. 加入榛果粉

🕐 30secs

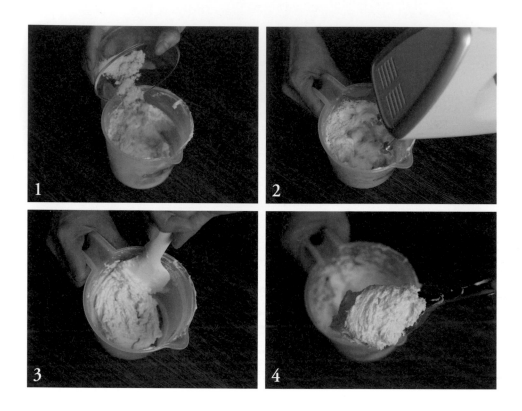

1 將榛果粉8g倒入奶油霜中,注意榛果粉不可以
　過篩,以免出油。

2 使用電動打蛋器攪拌一下。

3 把量杯底部和邊緣較難拌勻的奶油霜,用刮刀
　刮起來攪拌。繼續打勻,注意不用打太久。

4 因為加了榛果粉,攪拌完有顆粒感是正常的。

—主廚的私房筆記—
雖然榛果粉只有一點點的
量,但能為蛋糕帶來榛果
香氣,不是最耀眼的風
味,卻是整場味蕾饗宴的
功臣之一。

7. 加入熱融巧克力

 2mins

1 確認步驟②（P.248）的巧克力溫度，低於
40℃就再隔水升溫（以免溫度太低巧克力凝
固），再將融化好的巧克力倒入奶油霜。

2 使用電動打蛋器中速攪拌3～5秒。

3 用刮刀把量杯底部和邊緣不均勻的奶油霜刮起
來，用刮刀攪拌至顏色均勻。

4 將奶油糊倒入深鋼盆，記得把量杯裡的麵糊刮
乾淨，以免耗損太多。

食譜 — 製作軟心巧克力蛋糕

8. 加入粉料 ①

⏱ 45secs

1 將鋼盆中的巧克力麵糊用電動打蛋器稍微打個
　3～5秒，再次打均勻。

2 倒入1/2步驟①（P.247）篩好的粉料，用刮刀
　把粉切進巧克力麵糊裡。

3 一樣是壓拌的動作：將粉壓入麵糊，刮刀從底
　部將麵糊翻上來的同時轉動鋼盆，再次將粉壓
　入麵糊，重複動作。

4 若有粉料黏在鋼盆邊緣，就用刮刀貼著鋼盆刮
　下來，一起拌勻。

—主廚的私房筆記—

深鋼盆是我很喜歡的工
具，因為深度比較深，材
料比較不容易噴出來，也
能讓廚房比較乾淨。
＊深鋼盆品牌：日本貝印
　（直徑21cm）。

9. 加入粉料 ②

 30secs

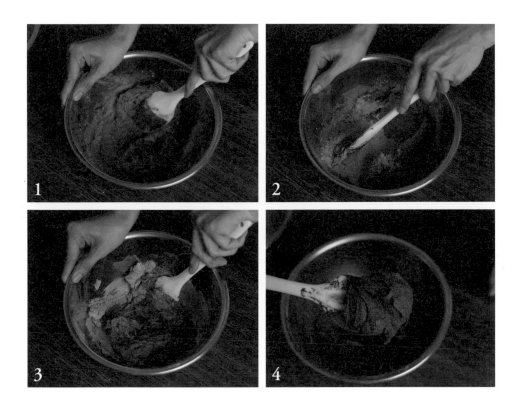

1 繼續壓拌到粉料大致有混進去就好，不需要到完全均勻。

2 倒入剩餘的粉料，一樣先用刮刀把粉料切進巧克力麵糊中，動作跟第一次的攪拌方法相同。

3 用輕輕壓拌的方式，將粉料壓進麵糊，不時用刮刀把底部的巧克力麵糊翻上來壓拌。

4 拌到粉料和麵糊混合均勻、質地均一，看不到白色粉末就可以了。不要過度攪拌，以免麵糊出筋影響口感（麵糊完成的溫度約22～23℃）。

—主廚的私房筆記—

＊麵糊的完成溫度很重要！若是超過24℃，奶油很容易在後續擠麵糊的動作時，被手溫給融化造成分離。

＊溫度若太低也要小心，可能會讓你的奶油有凝固問題，所以一定要確認食材是否有攪拌均勻。

10. 麵糊裝入擠花袋

🕐 1min

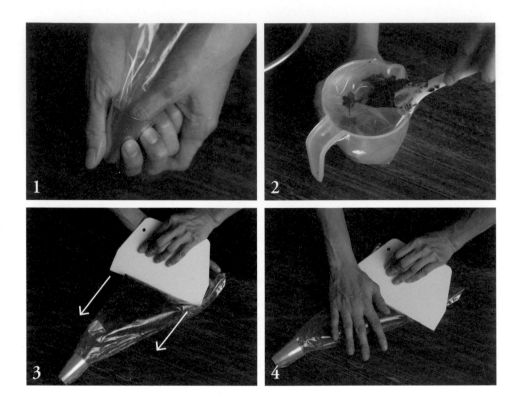

1 擠花袋前端剪出寬約3.5cm的開口，把擠花袋前端塞入花嘴（型號608）中。待會裝巧克力麵糊時，才不會一下子從開口漏出來。

2 將擠花袋套在量杯上，開口撐開，用刮刀把巧克力麵糊挖進擠花袋內。

3 擠花袋放在桌上，先讓麵糊平整，再用刮板慢慢推，讓麵糊往開口處集中（不要太用力，以免把擠花袋刮破了）。

4 用刮板把麵糊往前推時，偶爾可以用另一隻手把麵糊壓扁，會比較好推。

11. 入模

⏱ 2mins 30secs

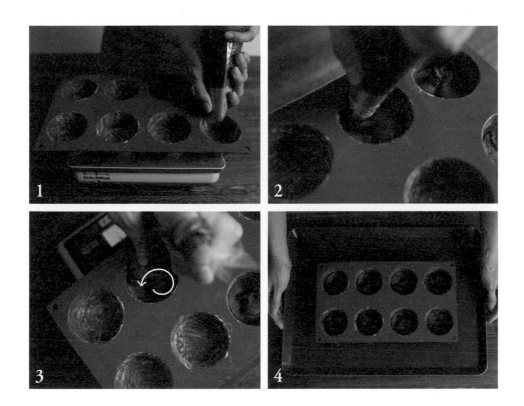

1 把模具放在秤重器上，扣除模具重量。一手輕
　輕握在擠花袋上方，一手扶著花嘴，將麵糊擠
　入模具中。

2 擠的時候，花嘴要靠近模具內緣，距離底部大
　約1cm高的位置。

3 擠的時候要一邊轉動手腕，沿著模具內緣擠，
　每一格要擠30g。每擠完一格，秤重器就歸零
　一次。

4 麵糊不用太平整，烘烤時會自然攤平，等八格
　都擠完後，就可以放在烤盤上進爐烘烤了。

—主廚的私房筆記—

當擠花袋只剩一點點麵糊
不好擠時，可把大拇指隔
著擠花袋塞進花嘴，就能
把殘留的麵糊推出來。

12. 進爐烘烤

 12mins

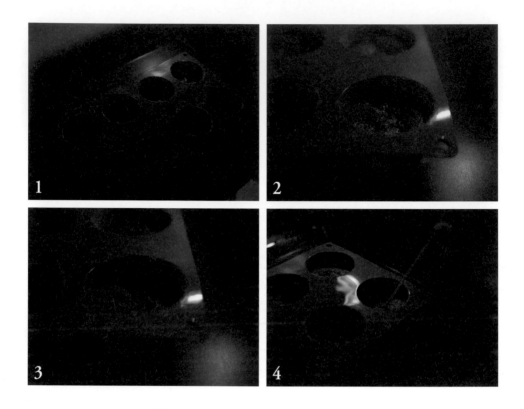

1 放入預熱好的烤箱，烤溫調整成 上火160℃/下火160℃，先烘烤 8分鐘。

2 時間到後，先隔著烤箱觀察，如果麵糊看起來濕濕亮亮的，表示還沒烤好，需加烤2分鐘。

3 加烤後再次觀察，蛋糕表面要看起來、摸起來都是乾爽的，才是烤好了。

4 拿一支竹籤戳蛋糕中心測熱度，若竹籤沒有沾黏到巧克力，就可以出爐。

—主廚的私房筆記—

竹籤戳完熟的蛋糕後，會如圖般乾淨，不會沾上巧克力色。

13. 出爐

🕐 3mins

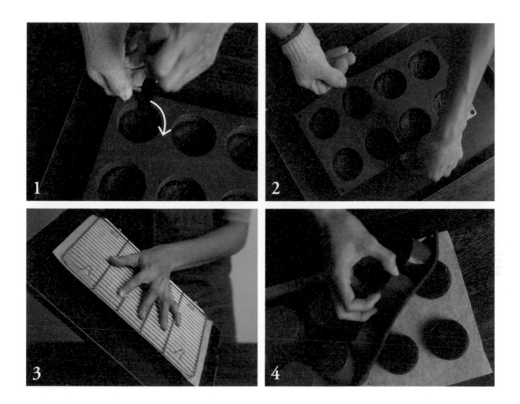

1 出爐後，趁熱用抹餡匙插入蛋糕邊緣，沿著邊緣繞一圈幫助脫模，動作一定要很輕柔，以免破壞蛋糕外觀。

2 用手稍微拉開矽膠模具，讓蛋糕和模具分開，放至蛋糕變涼，手摸起來不會溫溫熱熱的。

3 放涼後，在模具上蓋上烘焙紙、放上置涼架。一手壓在置涼架上，一手捧好底下的烤盤，上下翻轉，讓蛋糕扣倒在烘焙紙上。

4 輕輕拿起模具，就可以成功脫模了。

—主廚的私房筆記—

用抹餡匙刮蛋糕邊緣時，每刮一顆，就用紙巾把抹刀上的油脂擦掉，才刮下一顆。否則抹餡匙上的碎屑會凝固變硬，扯壞下一顆要脫膜的蛋糕。

組
裝

1. 甘奈許裝入擠花袋

⏱ 2mins

1 把擠花袋套在量杯上,開口撐開,用刮刀把冷
　藏的甘奈許醬挖入袋中。

2 將擠花袋從量杯裡拿出來,前端剪出大約
　0.5cm寬的開口。

3 擠花袋側面有邊條,把靠開口處的邊條修掉,
　擠花的時候才不會影響到形狀。

4 把擠花袋放在桌上,用手壓平整,再用刮板慢
　慢把甘奈許推往開口處,不要一下推太用力,
　以免擠花袋破裂。

2. 蛋糕壓洞

⏱ 3mins

食譜

組
裝

1 蛋糕正面朝上放在烘焙紙上，用壓模器（型號
　SN3821）從蛋糕正中央，用力往下壓。

2 用大拇指把壓模器裡的小花蛋糕慢慢推出來，
　輕推就好。

3 壓完的蛋糕中間會出現小洞，等等要用來擠入
　甘奈許。

4 繼續將每片蛋糕壓出小洞，壓好後放著備用。
　組裝時不會用到的小花蛋糕，可以直接當點心
　享用。

261

LESSON 6 巧克力軟心酥餅

3. 抹甘奈許 & 灑鹽之花

🕐 4mins

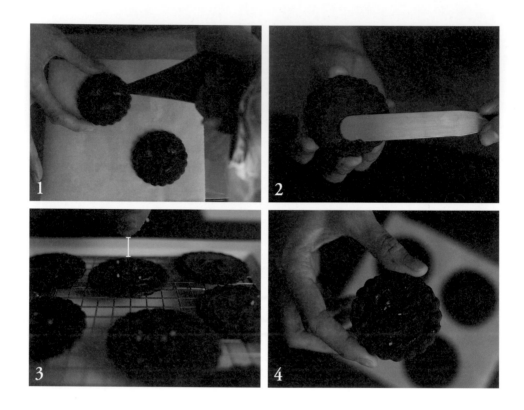

1 把沙布列餅乾放在秤重器上（正面朝上），
  邊秤重邊擠甘奈許，每片擠三點（每點約1～
  2g，這只是為了黏著，不用太多）。

2 用抹餡匙把甘奈許抹開，不要抹到邊緣，以免
  拿的時候沾手。

3 把鹽之花搓開，輕灑在餅乾上。灑的高度參考
  圖片，不要離太高。

4 每片餅乾灑一點點就好，不要太多，否則吃起
  來會太鹹。

— 主廚的私房筆記 —
灑鹽巴時的高度很重要，
手太高鹽粒會亂飄，手放
太低則會過於集中，導致
某部分特別鹹口。

4. 組裝

 3mins

1 將蛋糕體輕放在餅乾上，不要太用力，以免把
　蛋糕捏裂了。

2 用繞圈的方式，將甘奈許約7g擠進蛋糕中間的
　小洞，大約是擠滿2/3的高度。

3 蛋糕體外圍高點擠上4點甘奈許（黏著用），
　一定要擠在比較高的地方，分量不要太多，避
　免黏合時醬料爆出。

4 將另一片沙布列餅乾對齊蓋上，就完成了！

—主廚的私房筆記—

移動蛋糕時，如果擔心蛋
糕破掉，可以用小彎角抹
刀插入蛋糕底部來輔助。

LESSON 7

艾琳 艾德勒

草莓慕斯搭配柚子果凍，

酸甜組合的甜蜜滋味，

是情人之間的幸福～

挑戰甜點大師 Cédric Grolet 自信作品

文／王繁捷

　　2017 年，品卉研發了一款情人節蛋糕「艾琳」，是日本柚子果凍、草莓慕斯的組合。味道酸酸甜甜的就像戀愛一樣，而且日本柚子的香氣非常獨特，很多客人都喜歡。後來我們開了一間甜點私人會所，師傅會在吧檯前現場製作，講解每一道甜點給客人聽，讓甜點用最完美的樣貌呈現在客人面前。

　　每道能在會所出現的甜點，都得是貝克街最強、讓人印象最深的作品，其中一道甜點自然就選擇了「艾琳」。為了符合會所的形式，我們把它從原本的六吋蛋糕，改成精緻的盤飾甜點，方便客人一口吃下。

　　一年之後，在全世界非常有名的甜點大師 Cédric Grolet 來到台灣開課，我也是其中一名學生。在上課途中，我突然想到：「何不邀請他來我們的私人會所吃晚餐，嚐嚐厲害的甜點？」我馬上問了負責人，他回答：「我可以幫你問看看，但是你要有心理準備。」

　　我問：「什麼心理準備？」

　　他說：「Cédric Grolet 有很多東西都不吃，像是起司做的甜點不吃，你小心不要準備到他不喜歡的食材。」

　　我點點頭說：「好，那再麻煩你跟我說有哪些品項他不吃，我記錄下來。」

　　確認好哪些東西不吃後，我們決定其中一道要讓他品嚐的甜點，就是艾琳。為了做出最完美的艾琳，我跑到山上的草莓園，找了最新鮮的有機草莓帶回工廠，請品卉試做，看看是不是能有更大的突破。試用了新草莓，那清新的香氣讓我們非常驚豔，心想：「就是它了！」為了這一次的晚餐，我們做了非常多的準備。時間來到大師抵達私人會所的當天，品卉、繁歌、我和貝克街其他所有員工都很緊張，不知道結果會是如何。

　　用完前面幾道熱食，來到最後的甜點。我們先上的是「魔鬼之足」，這是用噶瑪蘭威士忌做成的冰淇淋，搭配巧克力蛋糕，是貝克街的招牌。Cédric Grolet 一看到它，馬上皺了皺眉頭跟一旁的翻譯說：「我不吃酒類的甜點。」

　　我愣了一下，心想：「你給我的不吃清單裡，沒有這一項啊！」

　　Cédric Grolet 吃了一口冰淇淋，聳聳肩，把甜點拿給其他人，顯然是沒有什麼興趣。這讓我們很沮喪，但是心裡又抱著一絲希望，打算靠「艾琳」扳回一城。艾琳上桌之後，他拿叉子碰了碰蛋糕，咬了一口之後臉色一變……通常這

類故事，結局都是來個大反轉，魔鬼之足慘遭滑鐵盧，艾琳挽回顏面，可是現實世界並不是電影，他問：「為什麼草莓要這樣處理？」

我們處理草莓的方式，是留下少許的冰晶，但那冰晶是我們刻意做的效果，口感和新鮮草莓的香氣很搭。但是對他來說，只要有冰晶就是不喜歡，他想要全部都是冰淇淋般的綿密口感！

可是我們在研發艾琳時，就是覺得草莓配上些許的冰晶是最好的呈現，才沒有做成冰淇淋口感，而且台灣的客人也都超級喜歡，我們才拿出來。很可惜，他的喜好不一樣，也就是說我們的甜點，在這一晚全部敗北了。

當天晚上，團隊討論了很久，雖然沮喪，但結論是：我們的產品，是為了我們客戶設計的。就算世界級甜點大師 Cédric Grolet 不喜歡，我們還是會為了客人維持原本的設計，不會因此改變。畢竟艾琳這道甜點，是我們在看過上萬份實際吃過貝克街蛋糕客人的感想後，費盡心思設計出來的，不能因為甜點大師不喜歡，就代表它是失敗的。「艾琳」仍然是貝克街的招牌，一樣是最受客人歡迎的甜點。當然，我是不會甘心事情就這樣結束的，心想：「既然他這個不吃、那個不吃，那就用最純粹的巧克力來一決勝負吧！」

隔天早上，我拿了一顆我做的巧克力 BonBon 請他吃，他看著我，一口把 BonBon 塞進嘴裡，然後問道：「這裡面有加咖啡嗎？」

我說：「沒有，只有巧克力。」

過了一會，他又問：「它的味道很強烈，真的沒有放咖啡？」

我說：「對，沒有任何其他調味料，只有巧克力。」

他說：「很好吃，香氣和特色都很突出。」

我們用最單純的巧克力，搭配獨特技巧讓香氣大幅提升，連甜點大師都以

為裡面放了咖啡，這是很高的評價。就算這樣，我也不會說這巧克力 BonBon 是比艾琳還棒的產品，因為就像前面說的，為了自己目標客戶而設計，那才是最重要的。

　　如果你想做甜點給心愛的人吃，設計出他喜愛的味道才是對的，而不是設計成大部分人喜歡的味道。你的對象喜歡的味道，就算全世界都討厭也沒關係，繼續做下去就對了，這是身為一個甜點師該有的氣魄。

材料

MATERIAL.

酥脆層	品名	建議品牌	替代品牌
	無鹽奶油 51g	總統牌	依思尼或萊思克
	細砂糖 51g	台糖	一般品牌皆可
	杏仁粉 42g	美國藍鑽	焙得頂級杏仁粉
	低筋麵粉 51g	日清紫羅蘭	嘉禾牌白菊花
	可可粉 1.5g	可可巴芮	米歇爾‧柯茲

柚子凍	品名	建議品牌	替代品牌
	吉利丁 4g	德國愛唯吉利丁（金級）	金級的吉利丁片即可
	冰水 24g		
	柚子果泥 28g	保虹	伊藤農園100% 柚子汁
	柚子酒（熬煮用）36g	梅乃宿	北島鹽柚子酒
	細砂糖 54g	台糖	一般品牌皆可
	柚子酒（後加用）18g	梅乃宿	北島鹽柚子酒

草莓慕斯內餡	品名	建議品牌	替代品牌
	冷凍草莓 80g（取74g 使用）	DGF 冷凍草莓	新鮮草莓亦可
	白巧克力 12g	法芙娜 35% 伊芙兒白巧克力	Opera 32% 康瑟朵白巧克力
	蛋黃糖 12g		
	奶油乳酪 46g	寶莉 NBA	無
	白乳酪 46g	依思尼	TATUA 酸奶油
	細砂糖（給乳酪）9g	台糖	一般品牌皆可
	大黃根泥 6g	保虹	可以不加
	巴薩米克醋 2g	卡薩諾瓦	奧利塔
	35% 鮮奶油 134g	總統牌	愛樂薇
	細砂糖（給鮮奶油）13g	台糖	一般品牌皆可

蛋黃糖（只取12g 來用）

	品名	建議品牌	替代品牌
	蛋黃 30g	大成 CAS 雞蛋	新鮮雞蛋即可
	細砂糖（給蛋黃糖）35g	台糖	一般品牌皆可
	水 15g		

組裝&裝飾	品名	建議品牌	替代品牌
	水飴 適量	Sonton	可用蜂蜜、麥芽糖或葡萄糖漿等黏稠的液態糖
	乾燥草莓碎粒 適量	Foodhood	用顆粒小的乾燥碎粒
	乾燥覆盆子碎粒 適量	法國覆盆子碎粒	德麥
	金箔 適量	吹雪金箔 Gold（Botan-Yuki）	一般品牌皆可

1. 前置準備

🕐 3mins　　🖳 烤箱預熱：上火180℃ / 下火180℃，至少20分鐘

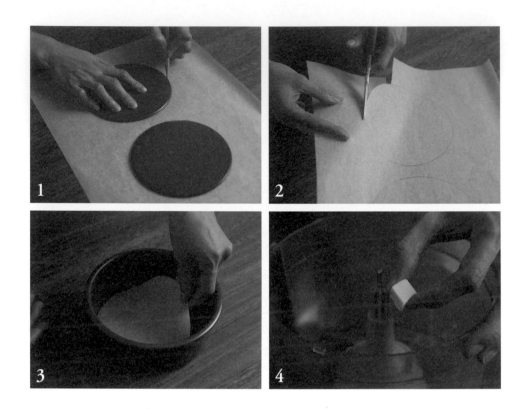

1　烤箱先預熱上火180℃/下火180℃至少20分鐘，再拿兩個6吋活動圓模（SN5021）底盤放在烘焙紙上，用鉛筆畫出兩個圓形。

2　用剪刀沿著鉛筆痕跡，剪出兩片圓形底模。

3　鉛筆痕跡朝下（不要接觸到食材），將兩張烘焙紙分別鋪進兩個6吋圓模。

4　取無鹽奶油51g切成丁狀（大小同照片），放入冷凍（-2～-3℃）至用手捏不會變形。

2. 打碎奶油丁 & 粉料

🕐 1min

1 把冰硬的奶油丁跟細砂糖51g、杏仁粉42g、低筋麵粉51g、可可粉1.5g，放入調理機中。

2 啟動調理機把食材打碎，每隔幾秒就停機檢查，以免打過頭（若有粉卡在邊緣時，用刮刀把粉刮下來）。

3 若還看得到很多乾粉且非常鬆散的話，就需要再打。

4 打到像這樣微鬆散的砂粒狀，顏色偏深就可以了。若出現較大的結塊，就代表打太久奶油融化了，會影響口感。

3. 奶油團入模

 1min

1 將調理機內的奶油團倒到琺瑯盤上，刀片上的
   奶油團也要刮下來，才不會浪費。

2 戴上手套，如果有看起來特別鬆散（如P.273
   步驟②圖3）的部分，快速用手掌搓一下使奶
   油團更均勻，力道要輕，以免手溫把奶油軟化
   變黏！

3 再把奶油團撥散一點，這樣入模時會比較好鋪
   平，動作不能太慢，以免奶油軟化變黏。

4 將模具放在秤重器上扣除重量，用湯匙舀入奶
   油團85g，盡量放平均，之後才好壓勻。

4. 壓平奶油團

🕐 1min 3secs

1 用指背輕壓奶油團,讓它平整、厚度相同,注
意烘焙紙不要露出來。如果前面的動作夠快,
這時奶油就不容易黏到手上。

2 邊緣處的奶油團用湯匙壓實,讓它貼平模具,
脫模時才不容易碎裂。

3 壓到像這樣邊緣及表面都平整就可以了。

4 把兩個模具都放到烤盤上,準備進爐烘烤。

—主廚的私房筆記—

如果奶油團的邊緣沒有壓
緊、凹凸不平,烘烤後就
容易會有碎屑;邊緣若有
缺口,會導致灌醬時,從
邊緣流出來的窘況。

(5. 烘 烤 進 爐)

🕐 10-15mins

1 將奶油團放入預熱好的烤箱並調降為 上火
170℃/下火170℃，烤10分鐘。

2 時間到時，如果奶油團表面還在冒泡泡（如圈
圈處），表示還沒烤好，要以每次1～2分鐘的
時間加烤。

3 每次加烤完檢查一下，烤到看不到泡泡，表面
較乾爽時，就可以出爐了。

4 出爐後連同模具一起，放在置涼架上放到完全
變涼。

—主廚的私房筆記—

若真的擔心沒烤熟，可降
低烤溫到140℃，再多悶
烤2～3分鐘。其實組裝時
只需要一片酥脆層，做兩
片是因為只做一片的材料
太少，不好製作。

6. 脫模

⏱ 2mins

1 酥脆層放涼後，將底盤往上推出模具。推的時候，底盤要保持平穩，以免碰傷酥脆層。

2 以大拇指或抹餡匙，插進酥脆層和底盤中間的縫隙，讓空氣進去，就能順利使兩者分離。

3 將底盤連同烘焙紙一起拿掉，酥脆層放在置涼架上備用。

4 若當天沒有要組裝，可用保鮮膜把酥脆層密封好，放入冷凍庫保存（用時無需解凍），冷凍可存放14天。

— 主廚的私房筆記 —
徹底放涼才可以脫膜，這點非常重要，略溫狀態的酥脆層還不穩固，隨意移動很容易破損！

製作柚子果凍

1 玻璃碗先裝好24g冰水，取吉利丁4g剪成小片，一片一片交錯放入，稍微輕壓，讓每片吉利丁都泡到水。

2 準備兩個直徑13cm的慕斯框（SN3227），外圈噴上一圈水（方便保鮮膜貼緊），注意不要噴到框內。

3 在慕斯框的上方封一層保鮮膜，用手將保鮮膜壓緊繃，保鮮膜盡量不要有皺摺，以免影響果凍的平整度。

4 套上橡皮筋固定，兩個慕斯框都弄好後，放在平盤上備用。盤子底部一定要平，否則柚子果凍會傾斜、厚薄不均。

— 主廚的私房筆記 —

保鮮膜如果不平整，就用手幫忙往下拉，讓保鮮膜繃緊。

2. 熬煮果凍 ①

🕐 2mins

1 將柚子果泥28g、柚子酒36g倒進厚底鍋，加入細砂糖54g，開中火熬煮（火焰不可超出鍋底邊緣）。

2 邊煮邊用耐熱刮刀攪拌。

3 煮到砂糖完全融化、鍋子邊緣冒出一圈泡泡（約80℃），就要關火、離火。

4 用手將泡軟的吉利丁取出，並把水分擠乾。

3. 熬煮果凍 ②

 2mins

1 將吉利丁放入厚底鍋。鍋中溫度不能超過
80℃，以免影響吉利丁凝固，但也不能低於
40℃以下，不然無法完全融化。

2 用刮刀攪拌一下，利用餘溫融化吉利丁。

3 待溫度降至40℃左右加入柚子酒18g（溫度太
高會影響香氣），用刮刀稍微拌勻就好。

4 小篩網架在500cc量杯上，將柚子凍液過篩到
量杯中，確保沒有未融的吉利丁在柚子凍裡。

4. 入模

🕐 2mins

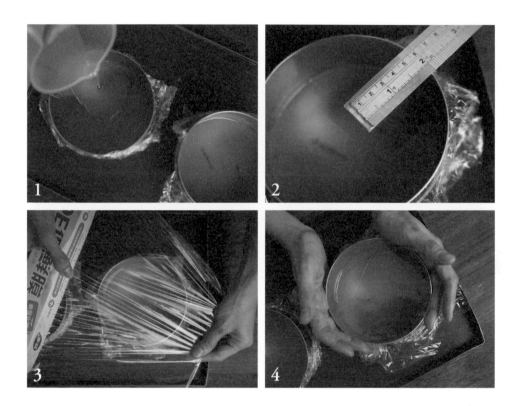

1 將慕斯框連同平盤，放到秤重器上扣除重量，
　倒入柚子凍液各60g至慕斯框中。

2 鐵尺垂直插入柚子凍液，再取出來橫放檢查，
　鐵尺上的液體高度應在0.5cm左右。

3 在慕斯框外圍噴水（不要噴到框內）後，在上
　方封一張保鮮膜防止風乾。注意保鮮膜不可以
　碰到柚子凍液！

4 封好之後，連同平盤一起放進冷凍（至少6小
　時至完全冰硬），過程中要避免傾斜影響果凍
　的平整性。

製作草莓慕斯

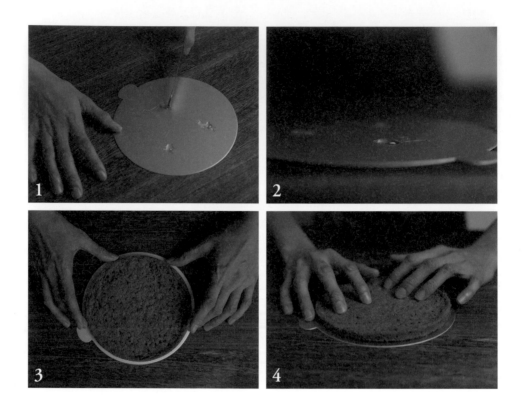

1 拿一支抹餡匙，在6吋蛋糕底襯上點三點水
  飴，當作黏著劑，也可用蜂蜜、麥芽糖或葡萄
  糖漿等黏稠液態糖代替。

2 水飴要像圖中這樣有一點厚度，以便後續黏住
  酥脆層。

3 將做好的酥脆層，放在蛋糕底襯正中央。

4 用手輕壓，讓酥脆層和底襯黏在一起。這裡只
  會用到一片酥脆層，另一片可當餅乾吃或冷凍
  保存。

2. 圍上硬圍邊

⏱ 1min 30secs

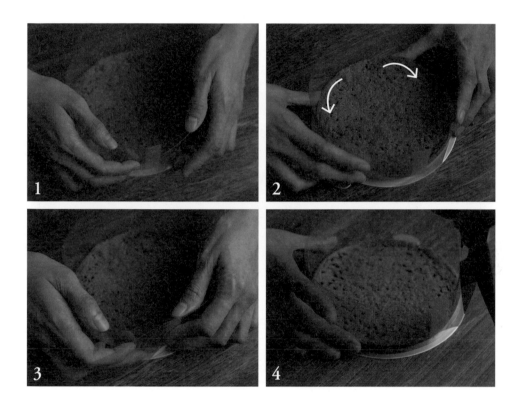

1 準備6cm高的硬圍邊，撕開雙面膠，有黏性的
   雙面膠朝外，順著酥脆層貼緊，注意雙面膠的
   部分先別急著黏上！

2 拇指順著圍邊底部推一圈，讓圍邊確實緊貼酥
   脆層，避免有空隙讓草莓慕斯流下來，這個動
   作很重要。

3 確定沒有空隙後，就可以把硬圍邊黏合。

4 用剪刀剪掉多餘的圍邊，以免勾到旁邊的物品
   導致慕斯變形。

3. 攪碎冷凍草莓

🕐 2mins

1 秤冷凍草莓80g倒入調理機（要用時才從冷凍
　庫取出草莓，免得在室溫中放太久出水）。

2 啟動調理機將冷凍草莓打碎。製作慕斯時草莓
　只需74g，但考量耗損這裡得多打一點。

3 打到像照片中這樣的碎粒就可以。

4 將打好的草莓碎粒，倒出74g到量杯中。剩餘
　的草莓碎粒可以做草莓牛奶來喝。

4. 熱融白巧克力

🕐 1min 30secs

1 厚底鍋中加入少少的水，煮到邊緣冒泡就關火。玻璃碗放入白巧克力12g，置於鍋中用餘溫隔水加熱。

2 用小刮刀攪拌。白巧克力很容易過熱分離，所以只能用溫熱的水加熱。

3 白巧克力完全融化後，把玻璃碗從鍋中拿出來，放一旁備用。

4 熱水鍋也先放一旁備用，如果白巧克力降溫的話，就可再次利用。

—主廚的私房筆記—

煮水時，溫度不能太高外，也要避免冒過多水氣，太多的水氣會造成白巧克力分離。也可以用微波700w熱融白巧克力，微波每10秒就停下來攪拌，直到全部融化為止。

5.製作蛋黃糖

🕐 5mins

1 將砂糖35g和水15g，放入厚底鍋。並在250cc量杯中秤入
蛋黃30g，以打蛋器打散放一旁備用。

2 糖、水開中火煮。因為份量少，升溫、冒泡快，等糖漿開
始變稠、泡泡變小（約 110℃）時馬上關火，鍋子離開卡
式爐。

3 電動打蛋器開高速，開始攪拌蛋黃，一邊緩緩倒入熱糖
漿。這邊的重點有：
a. 糖漿一定要趁熱倒入，否則很快就會冷卻凝固。
b. 倒入的速度要緩而平穩，太快會燙熟蛋黃。
c. 邊打邊倒，蛋黃才不會被燙熟。
d. 攪拌棒要避開糖漿，以免滾燙的糖漿被機器甩出來。
e. 鍋邊的糖漿不刻意去刮，以免結塊。此配方已將鍋邊的
耗損計算記入了。

4 打到蛋黃糖泛白呈濃稠狀時，用刮刀撈起檢查質地，蛋黃
糖滴落會呈現堆疊的紋路，並且1~2秒後才會消失（蛋黃
糖比重為0.45~0.48。比重測量方法，可參考P.181）

—主廚的私房筆記—
製作好的蛋黃糖，只需秤
出12g來做使用。之所以
多做，是為讓電動打蛋器
可以攪拌到全部的材料。

6. 打軟奶油乳酪

🕐 2mins

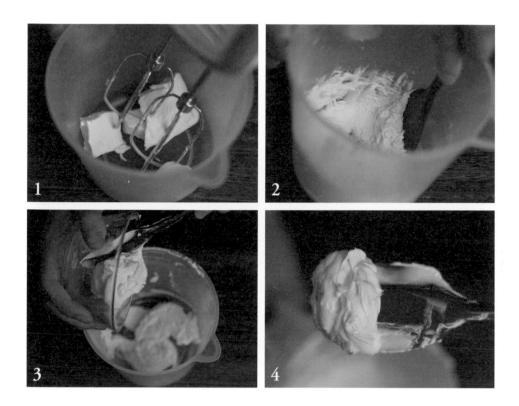

1 秤奶油乳酪46g放在1000cc量杯中，於室溫放軟（19~21℃），再用電動打蛋器攪打。

2 用刮刀將量杯底部和邊緣的奶油乳酪刮起來，繼續打到乳酪質地均勻、沒有塊狀。

3 加入白乳酪46g，用電動打蛋器打散、打勻。白乳酪不能放室溫太久，也不要拌太久，以免分離！

4 打到質地均勻就可以了。

7. 加入砂糖

⏱ 45secs

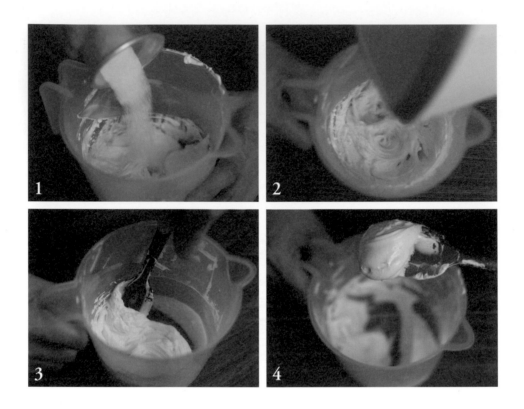

1 取砂糖9g，一口氣倒入打軟的奶油乳酪、白乳酪中。

2 用電動打蛋器打勻。

3 用刮刀刮起量杯底部和邊緣的乳酪醬，再攪拌一下。

4 拌到質地均勻、看不到砂糖顆粒就可以了。

—主廚的私房筆記—

砂糖沒有一開始就跟奶油乳酪打軟，是因為那時還沒加入白乳酪，只有奶油乳酪要吃下9g的砂糖，會要打比較久，造成攪打時間延長。

8. 加入蛋黃糖

 45secs

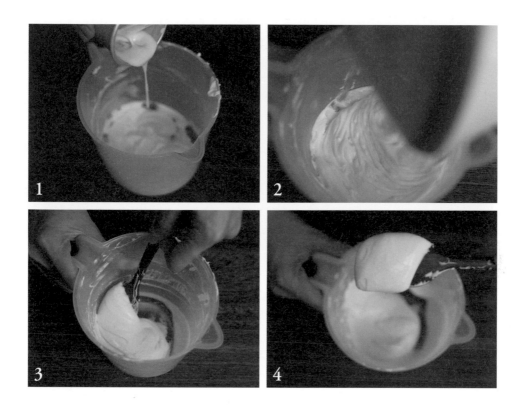

1 取蛋黃糖12g倒入,並將殘留的蛋黃糖用小刮
刀刮乾淨,才不會耗損太多。

2 用電動打蛋器高速攪拌乳酪醬。

3 用刮刀將量杯底部和邊緣的乳酪醬刮起來,再
次打勻。

4 打到顏色均勻、看不到黃色的蛋黃糖即可。

—主廚的私房筆記—
這時候加入蛋黃糖,是因
為接著要加入白巧克力。
白巧克力含有大量可可
脂,所以要先加帶有天然
乳化劑(卵磷脂)的蛋黃
糖,幫助油脂和水分結
合。

9. 加入白巧克力

🕐 1min

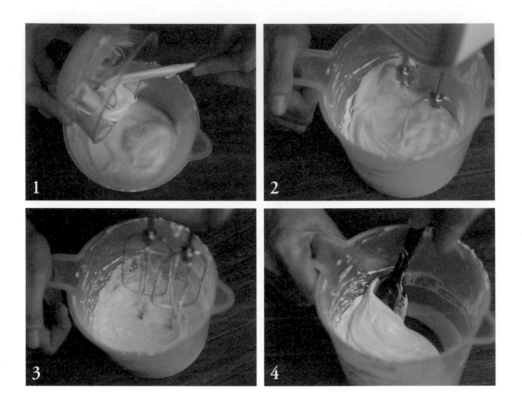

1 確認白巧克力溫度在35～38℃，太低就隔水加
   熱。將熱融的白巧克力12g倒入量杯中，盡量
   刮乾淨。若有隔水加熱，倒入前記得擦乾玻璃
   碗底部，以免有水滴進去。

2 用電動打蛋器高速攪打。

3 用刮刀將量杯底部和邊緣的乳酪醬刮起來，再
   次打勻。

4 打勻就會像圖片那樣，質地滑順均勻，看不見
   任何白巧克力的紋路。

—主廚的私房筆記—

白巧克力加入時，若溫度
太低就會凝固，無法和其
他食材混勻。這也是奶油
乳酪需要確實放軟的原因
之一，溫度對於甜點製作
真的非常重要！

10. 加入大黃根泥＆巴薩米克醋

🕐 1min 20secs

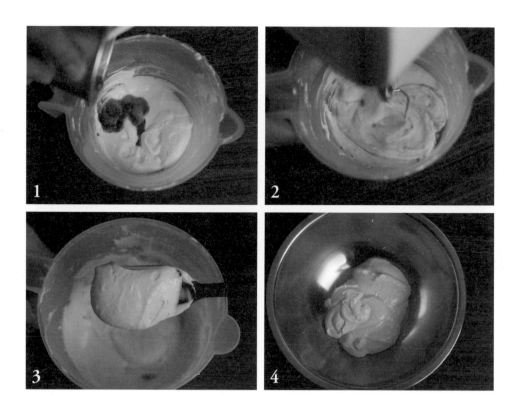

1 取大黃根泥6g、巴薩米克醋2g，一起加到乳酪糊中。

2 用電動打蛋器高速攪拌，再用刮刀刮量杯邊緣，翻攪起來打勻。

3 大黃根泥含有纖維，乳酪糊看起來有點粗糙是正常的，攪拌到質地均勻就可以。

4 把乳酪糊倒到鋼盆裡，量杯中的乳酪糊要盡量刮乾淨。

—主廚的私房筆記—
這款甜點美味的祕訣之一，就是用大黃根泥和巴薩米克醋調味。為了平衡奶味，我想要加點酸的元素，於是從日本師傅的作品中得到靈感，想到大黃根泥。同時又想到貝克街曾用過的巴薩米克醋，印象中和大黃根泥酸度接近，但層次風味不同。拿來組合測試後，意外地好吃！也就成了這款甜點隱密而有力的調味。

11. 打發鮮奶油

🕐 2mins

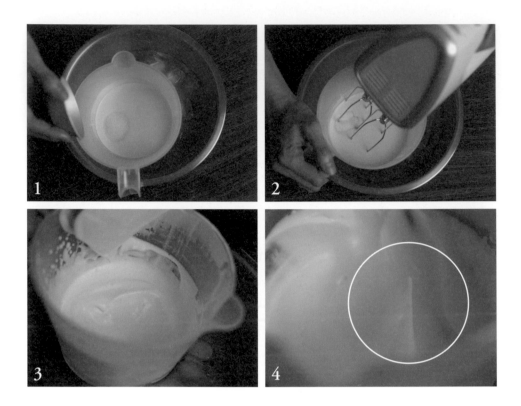

1 在1000cc量杯中秤入鮮奶油134g，放進裝有冰塊水的鋼盆中（鮮奶油過熱會花掉），再加入砂糖13g。

2 電動打蛋器先以慢速攪拌，以免鮮奶油噴濺。稍微打發讓它變稠後，切換成高速打發。打至有紋路出現後，再切回慢速攪拌。

3 鮮奶油會從水水的狀態變得膨鬆，這時用刮刀從底部把鮮奶油翻起來檢查，如果看起來還是軟趴趴的，就表示還要再攪拌。

4 要打到用刮刀翻起時，會有個挺立但不失柔軟的立面（大約八分發），就可以了。

若對書中食譜有任何疑問，或QRcode掃描連結有問題，都可以寫信給我們：bacostreet1@gmail.com

—主廚的私房筆記—

鮮奶油打發失敗幾乎都是溫度的問題，理想室溫是在20℃以下。這款甜點的關鍵之一，就是鮮奶油的打發程度，若是太發，會導致口感過於膨鬆，還會讓奶味變膩。

檢查蛋白霜的動作請參考QRcode示範。

12. 加入 1/2 鮮奶油拌勻

🕐 1min

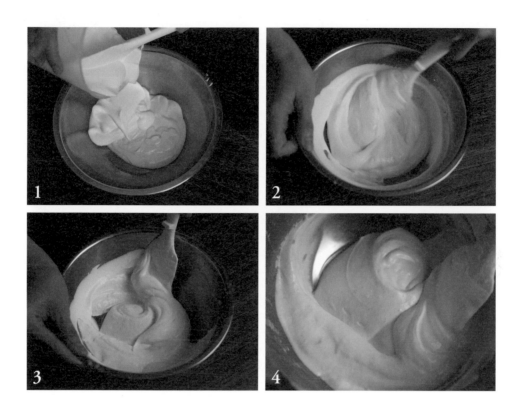

1 用刮刀挖出一半的鮮奶油,加到乳酪糊中。

2 一邊轉動鋼盆,一邊輕巧地從底部翻起乳酪糊
  來攪拌,以免鮮奶油過度摩擦變硬。

3 用刮刀緊貼鋼盆邊緣刮一圈,把沒攪拌到的鮮
  奶油刮下來。

4 繼續攪拌至還看得到一些黃白交錯的樣子就
  好,不用完全拌勻。

──主廚的私房筆記──
分兩次攪拌,是因為乳酪
和鮮奶油的質地差太多,
一次放太多鮮奶油,會不
好拌勻,導致攪拌的過程
鮮奶油被過度摩擦花掉。
第一次攪拌時,不用完全
拌勻,也是為了避免攪拌
時間太長,導致鮮奶油被
過度打發。

13. 加入剩餘鮮奶油

 1min

1 再把剩下的1/2鮮奶油，通通刮進鋼盆中。

2 跟前面一樣，一邊轉動鋼盆，一邊用刮刀輕柔
地把乳酪糊從底部翻上來攪拌。

3 只要看到邊緣有鮮奶油沒被攪拌到，就用刮刀
緊貼鋼盆邊緣刮下來拌勻。

4 這次要拌到顏色均勻（不能有黃白交錯的樣
子）。此時質地應該還是柔軟的，但紋路比較
明顯。

若對書中食譜有任何疑問，或QRcode掃描連結有問題，
都可以寫信給我們：bacostreet1@gmail.com

翻拌的動作請參
考QRcode示範。

14. 加入草莓碎粒

🕐 45secs

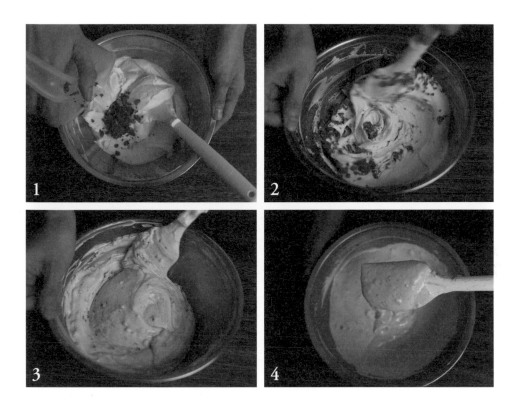

1 加入步驟③（P.284）打好的草莓碎粒74g。

2 用刮刀快速劃圈攪散草莓碎粒，再一邊轉動鋼盆，輕柔地從底部翻起乳酪糊來攪拌。

3 記得用刮刀貼著鋼盆邊緣刮一圈，把不均勻的部分都刮下來拌勻。

4 翻拌到顏色均勻、質地柔軟且帶有草莓的碎粒感，慕斯內餡就完成了！（如果變得太硬，表示攪拌過頭或一開始的鮮奶油打太發）。

—主廚的私房筆記—

別忘了你的刮刀上也會沾黏乳酪糊，這時可以用抹刀或另一支刮刀，把刮刀清乾淨再繼續拌勻。

1. 柚子果凍脫模

🕐 1min

1 將冰硬的柚子果凍從冷凍庫取出，撕掉保鮮膜。

2 將慕斯框放到酥脆層的正中央，用小刀緊貼著框的內緣切，讓柚子果凍跟慕斯框分離。

3 手指沿著果凍邊緣往下推，把柚子果凍推出慕斯框。

4 柚子果凍完整覆蓋在酥脆層中央即脫模成功。這裡只會用到一片果凍，另一片可以繼續冷凍保存或是直接享用。

— 主廚的私房筆記 —

柚子凍因為含有酒精，在常溫下很快會軟掉，所以千萬別太早把柚子凍從冷凍庫拿出來喔。

2. 倒入草莓慕斯內餡

🕐 1min 30secs

1 把草莓慕斯全部倒至餅乾上，從中央倒入即可，不要讓慕斯把圍邊弄髒。

2 移到桌子邊緣，雙手拿好底襯，輕輕地上下左右晃動，把不平整的草莓慕斯晃平。

3 晃平的慕斯會像這樣。若有不平整的地方，可以用抹餡匙前端在凹凸處輕輕攪拌，就會比較平整了。

4 此時蛋糕應該會如圖般，酥脆層與慕斯分明。如果慕斯太稀或圍邊沒黏緊，慕斯就會從縫隙流出來。

―主廚的私房筆記―
如果發現慕斯很硬、很難晃平，可能是鮮奶油打太發了，這時不要試圖用工具把它抹平，越多摩擦只會讓慕斯更硬或是花掉。出現這種狀況，雖然有點不完美，但可以在不平整處用草莓碎裝飾，還是很好吃喔！

3. 裝飾

 2mins

1 在慕斯表面裝飾乾燥草莓碎粒，擺成新月形。
　一次不要拿太多，也不要在手上拿太久，避免
　受潮黏手。

2 再取一些可與草莓做對比的乾燥覆盆子碎粒裝
　飾，不用太多，大概點綴三個地方就好。

3 用刀尖沾取一片金箔，擺上去作為裝飾。

4 放進蛋糕盒送入冷凍庫，注意要平放不能傾
　斜，以免慕斯流出。冷凍至少6小時，等草莓
　慕斯完全冰硬再享用。

若對書中食譜有任何疑問，或QRcode掃描連結有問題，
都可以寫信給我們：bacostreet1@gmail.com

—主廚的私房筆記—
冷凍的蛋糕可以保存7天。
吃的時候直接品嚐，解凍
會讓味道變膩，若融化再
冷凍會有嚴重冰晶口感。

更多免費食譜請參考QRcode。

主廚親授魔鬼細節

我覺得一份飽含心意的甜點，是用無數細節堆砌出來的。

—貝克街研發主廚 陳品卉

魔鬼細節 **1**

如何挑選、保存香草莢？

在馬達加斯加等香草莢的主要生產國，香草園主人會雇用手持 AK-47 的武裝傭兵保護莊園，因為這些香草莢的價格，可以跟同重量的白銀一樣高。既然是這麼貴的東西，當然會希望買到品質好的、CP 值高的。就讓我們來談談如何判斷香草莢的品質，以及怎麼保存。

香草莢其實有國際的分級標準，其中包含：長度、飽滿度、色澤、完整度、柔軟度等等，香草莢分級很難簡易判定，因為包含了許多綜合因素，也不是數值越突出越好，若要深論恐怕會造成篇幅過多，而且市場上的香草莢都自稱頂級，容易造成混淆，所以這邊就不多講分級了。最完美的挑選方式，是直接聞它的味道。但很可惜，這個有點不切實際。

因為香草莢需要真空保存，一旦氧化就會失去香氣，所以賣家不可能打開給你試聞！而且除了烘焙材料行，現在還可以在網路上購買，所以我們也很難像在水果攤挑蘋果一樣，一個一個慢慢挑。但是，只要對香草莢品質有基本的判斷能力，就不會被無良商家欺騙。這邊介紹幾個比較簡單的判斷概念：

►◄ 避免太短、太細、太乾扁

長度不到 15cm 的香草莢，通常香氣不夠，極可能是香草豆莢太早被摘採下來，還不夠成熟。香草莢的香氣來自香草醛，充分成熟的香草莢，香草醛自然也比較足夠。只是有些農夫會為了避免香草莢被偷摘盜採，乾脆提早採收，盡快換成錢，因此就有了這些品質比較低的香草。

要注意的是，長度不是唯一的判斷基準，千萬別以為長度越長，品質就一定更好。這就像五歲的孩子為人處世一定還有很多不足，但三十歲的人未必比二十五歲的人有智慧一樣。只是太短就會影響到香氣；太細或太乾扁，就代表裡面香草籽不多，香氣也會比較少。

►◄ 外觀完整無破損

破損的香草莢，分數要大打折扣！因為香草莢的外觀一旦破損，香氣就會流失，所以如果你花大錢買所謂的「頂級香草」，結果收到貨時卻發現有破損，一定要先拍照記錄，跟商家反應。

►◄ 顏色深黑，飽滿潤澤油亮

商家通常會標示水含量，如果表皮油亮，甚至能感覺到真空包裝的袋子都帶有油脂感，香草莢通常也會是飽滿的。摸起來應該帶點柔軟度，不能是乾乾癟癟的。水含量低的香草莢，應該要叫「乾燥香草莢」，價格會便宜很多，味道也比較不香，比較常被拿去做成香草糖或泡酒做成香草精。至於色澤越深，通常代表品質越好。

►◄ 真空包裝常溫保存

香草莢的理想保存方法，應該是真空密封包裝並且置於陰涼常溫處，不建議冷藏。冷藏的香草莢會因為碰到濕氣導致發酵、破壞風味。

其實，香草莢還有其他更多的品質判斷標準，這邊只是介紹比較基礎、簡單快速的判斷方法，免得買到品質不佳的香草莢卻不自知！最好的方法是尋找值得信賴的商家。

因為價格昂貴，所以選購時更要小心，才能買到最優品質的香草莢。

LESSON 8　主廚親授魔鬼細節

魔鬼細節 ❷

代糖可以替代砂糖嗎？

我很常收到同學來信詢問：「老師，我能不能用代糖來做甜點？因為家人有糖尿病，想做他們也可以吃的點心。」

　　在烘焙世界裡，代糖能不能直接取代砂糖呢？多數人都認為砂糖只是帶來甜味而已，但事情並不是這麼簡單。我們在 LESSON1〈買食材〉曾提到砂糖在甜點烘烤上有下面這些功效：

①讓蛋糕烘烤後有更漂亮的焦色

②讓蛋糕保濕度更好，口感更濕潤

③讓蛋白霜更穩定

　　在「烘焙麵包」時，砂糖除了可以幫助上色、讓麵包保有濕度外，最重要的是，砂糖是酵母的重要養分來源之一。如果是糖含量高的日式麵包配方，把砂糖換成代糖，酵母的養分就會不夠，麵團膨脹力道會不足。目前還沒有哪種代糖，能像砂糖一樣，同時做到上色、保濕、穩定蛋白霜、提供酵母養分等功能。

　　也就是說，代糖無法完全替代砂糖。一般常見的代糖——羅漢果糖、赤藻糖醇、甜菊糖、阿斯巴甜，這些都無法全部替代砂糖！但是請注意這裡是說「不能全部替代」，而非「一丁點都不能使用」。想要享受甜點，又想要減少負擔的話，確實可以適當地使用代糖取代部分砂糖，但是替換太多，一定會影響到外觀、口感和風味，所以要取捨。

　　至於，貝克街食譜很常用到的「海藻糖」，主要是甜度較低的關係，所以我們常會用來取代一部分的砂糖，但它的熱量其實跟砂糖相同。

　　既然海藻糖的甜度低，可以把砂糖整個取代掉嗎？答案一樣是不行，因為

海藻糖沒辦法讓甜點上色。做甜點講求的是「色香味俱全」，如果做出來的東西白白的、一點焦香色都沒有，通常不太能引起食慾，而且海藻糖本身還有股特殊味道，若是全部替代掉砂糖，成品風味也會受影響。如果說，代糖除了甜味，其他功用沒辦法完全取代砂糖的話，它可以用在哪？答案是「飲料」或是「單純提供甜味的甜品」，例如零卡可樂用的就是阿斯巴甜，喝起來很甜，卻完全不含砂糖。

回到最前頭提的，糖尿病患者沒有辦法吃甜點嗎？其實還是可以用代糖取代一部分砂糖，只是在風味、口感上一定會受到影響。總結來說，烘焙的時候，砂糖除了帶來甜味，還有「上色」、「保持濕度」等功用，都是為什麼我們沒辦法完全把它換掉的原因之一。

甜點始終都是精緻食品，我的想法是，既然要吃相對不那麼健康的食物了，就努力把它做到最好吃、控制好食用分量，是我比較喜歡的方式。但如果你或家人真的有糖分攝取限制的問題，一定要用代糖來製作，我會建議你多多嘗試、慢慢調整，學習甜點的製作原理。隨著經驗越來越豐富，找出適當的代糖替換量，這樣你就可以做出糖分較少但又好吃的甜點了！

如何避免秤料備錯？

剛進入貝克街工作時，我也覺得「秤料」這種事情誰會出錯呢？把東西放到秤重器上看一看不就得了，有需要特別訓練嗎？

　　但事實證明，輕忽了秤料的細節，就會提升災難發生的機率。例如：蛋糕變成發糕、布丁變成布丁飲、麵糊烘烤到一半時像怪物一樣膨脹、材料直接油水分離等等。不管是自己在家做甜點的同學，還是來貝克街上班的員工，都會有失誤的時候，甚至我自己也會犯這種錯。這不是一句「下次注意點！」就能解決的問題，以前貝克街也發生過不少秤錯料的慘事，但在經過訓練後，已經大幅改善這種問題了！想要避免秤料失誤的話，其實有 5 個小技巧：

►◄ 還不熟練時，所有材料分開秤

　　假設現在要來秤麵粉、可可粉、杏仁粉三項材料，最方便的做法是直接秤在同一個鍋子。但是，這種做法有個缺點：一旦秤錯分量，粉料混在一起，就很難回頭了。

貝克街私廚甜點課

麵粉跟可可粉之間顏色分明，在沒有拌均勻前都還有機會搶救，但鮮奶油跟牛奶都是液體，混在一起就無法挽救了。因此，第一次製作食譜的話，我們會建議把各項材料都分開秤，確定重量正確後，再混合。尤其是顏色接近的材料最好分開秤。

貝克街早期也發生過，準備要秤麵粉跟小蘇打粉，因為顏色太相近，就忘記有沒有放小蘇打粉。沒了小蘇打粉的古典巧克力蛋糕，烤出來像磚塊一樣硬，結果整鍋麵糊只好全部倒掉，是個慘痛的經驗。

►◄ 瞭解電子秤的特性

不知道各位在秤重時，是否經常發生這樣的情形：食譜上寫了需要 0.5g 的泡打粉，放一點點，電子秤沒反應，再放一點點，還是沒反應，再放一點點，瞬間多了整整 2g！只好把多的粉料再撈回去，結果又變回 0g⋯⋯

這是因為一般家用的電子秤靈敏度沒有那麼高，秤重時，0 ～ 3g 較難出現準確的數值。這時候的技巧是：先秤比較重的東西，不要扣重，另外再放較輕的材料繼續秤重，這時電子秤會比較靈敏。也可以選購以 0.1g 為單位的精準秤（通常電子秤測量單位是 0.5g），來解決秤小分量食材的煩惱。

►◄ 電子秤周邊保持淨空

這是烘焙時很常見的意外，因為作業的桌面太小了，秤料時所有的食材都擠在一起。這時候如果有東西壓到電子秤的邊角，即使只是稍稍碰到而已，重量也會天差地遠。因此在秤重時，一定要確保秤重器的周圍有留空間！

►◄「想像」整個製作過程

這是我自己會做的事情，我覺得很有效。

第一次嘗試的食譜，我會指著已經備好的材料們，開始想像：這些粉要跟奶油怎麼拌勻、這些糖要在什麼時候下、鮮奶和鮮奶油一起加熱……這樣做，就能進一步確保沒有食材被遺漏或少秤，也能幫你預習步驟，待會兒的製作過程才不會手忙腳亂。

甜點製作失敗，如果是技術不佳、食譜配方有問題、食材原料不佳……都是有可能、還算可以接受的外在因素。但如果是自己粗心秤錯材料或重量，真的會欲哭無淚、不知該對誰發火。所以，提供一些小訣竅，不僅能避免秤料失誤，你在製作甜點時也會更順利！

將後續的流程在腦中先演練一次，可以使整個烘焙過程更順暢。

►◄ 條列食材打勾做記號

尤其是第一次做的食譜，我都建議學員把材料寫在紙上。

首先，經過手寫的資料，大腦不僅會記住，也會更有印象，因為手寫的過程會讓大腦去記憶、歸納、整理。只是用手機螢幕看食譜，大腦記憶沒那麼鮮明。寫在紙上的另一個好處：可以打勾做記號。秤完的材料就做個記號，即使中途被打斷，也不會忘記自己剛剛做到哪，哪項食材還沒秤或是還沒準備好。

另外，把條列的食材，依照加入的順序做編號，一邊製作一邊把已經加入的食材劃掉，就能有效避免麵糊送進烤箱後，轉頭卻發現還有一碗蛋黃在桌上被忘記的狀況。

魔鬼細節 ❹

如何善用各種烤箱？

「老師，我家只有氣炸／旋風／迷你⋯⋯烤箱，可以做蛋糕嗎？」我很常收到這類問題，畢竟做烘焙離不開烤箱。但是隨著科技的發達，市面上的烤箱種類琳瑯滿目，像是家用烤箱、氣炸烤箱跟多功能烤箱，各有各強調的特色，到底該選誰呢？

　　以下，依我個人經驗針對這些烤箱做些簡單介紹，你可以根據需求，選擇適合自己的烤箱。

►◄ 家用烤箱

　　烤箱的上下有加熱管，並可以個別控制上下火溫度。這是做家用烘焙最常見，也是貝克街在食譜示範時會使用的烤箱。它的缺點是烤溫不均勻，所以烘烤時，會需要做調轉烤盤的動作，讓成品均勻上色。

　　有些家用烤箱會標榜附有「旋風功能」，請挑選可以「自由開關旋風功能」的款式！因為旋風功能會吹出風，目的是讓烤箱溫度更均勻，但這會造成烤箱的上下火無法分開控制，而且會讓蛋糕或麵包被吹乾。而餅乾這類需烤乾的成品，就比較適合有旋風功能的烤箱製作。

家用烤箱的「旋風功能」，可能
會把蛋糕吹乾，要多注意。

┌─────────────────────────┐
│ ——主廚的私房筆記—— │
│ 家用烤箱的旋風，只是吹出風而 │
│ 已；專業旋風烤箱則是會吹出高 │
│ 溫熱風，兩者概念完全不同喔。 │
└─────────────────────────┘

家用烤箱，我自己用過烘王、好先生、焙雅客這三個品牌。烘王、好先生這兩個，個人使用上的體驗是不相上下，價格也差不多，貝克街的線上教學也是用這兩個牌子示範（其中烘王還是二手的）。如果預算充足，可以考慮焙雅客，雖然價格比其他品牌貴了數倍，但烤箱火力穩定、功能強大，非常適合在家做烘焙！

►◄ 氣炸烤箱

氣炸烤箱的加熱原理是在烤箱內吹出高溫熱風，超高溫的熱風能讓食材表面快速被烤乾，例如烤雞時可以讓雞皮呈現像是被油炸的效果，所以才叫做氣炸烤箱。但它的缺點是沒有辦法控制上下火，而且容易把食材吹乾。需要保持水分濕度的烘焙產品，就不太適合使用氣炸烤箱，例如：戚風蛋糕。

►◄ 多功能烤箱

隨著科技越來越發達，水波爐、蒸烤爐這類多功能合一的烤箱也大受歡迎，被越來越多的人使用，尤其是因為住家空間小，多功能機器變成一種趨勢。

很可惜的是，不管是水波爐還是蒸烤爐，多數機型都不能分開控制上下火，而且，等級稍低的機器在火力穩定度上還常常不穩定。當然，高階機種或是你對自家烤箱的性能夠了解的話，還是可以做烘焙的。

►◄ 吐司小烤箱

也有學員會在信件裡詢問我們，吐司小烤箱可以烤蛋糕嗎？很可惜，這種的不行，因為太小了！

吐司小烤箱的好處就是加熱速度快，很適合丟兩片吐司，鋪上起司、洋蔥、培根、火腿，再來點塔巴斯克辣醬，快速烤一烤就是一份美味的早餐。但它的溫度控制很不精準，空間也很迷你，也就是說，這種小烤箱只適合回烤復熱，要用來烘焙會比較不適合。如果你已經知道烘焙將成為你的日常，預算又有限的話，通常會建議購買家用烤箱，用途最廣，可以適用各種狀況！

►◄ 烤箱沒有上下火該怎麼辦？

烤溫是烘焙甜點非常重要的關鍵，有些嚴謹的食譜還會特別清楚標示上下火溫度，不能隨意對待。但是，如果就是沒有適合的烤箱，該怎麼使用單一爐溫烤箱做甜點呢？

假設食譜要求上火 150℃／下火 160℃，兩者溫度差距不大時，通常可以抓個中間值──155℃，一樣可以烤出漂亮的甜點。

可是，如果食譜要求的上下烤溫相差比較多時，怎麼辦？例如：上火 150℃／下火 180℃（下火特別強），就代表這款甜點需要夠強的下火，讓蛋糕膨脹、長大，為了要讓底火夠高，溫度需要設定成 180℃。但是將單一爐溫設定成 180℃，等蛋糕完全烤熟，蛋糕的頭皮也差不多焦了！

要解決這問題，並不困難。等蛋糕定型，但還沒完全熟透時，在表面蓋張烘焙紙，就能隔絕不少來自上方的熱能，防止頭皮被烤焦。但是否需要蓋更多張，則取決於蛋糕狀況。如果是上火 180℃／下火 150℃這樣上火特別強的

情形呢？為了要讓上火溫度夠，還是得設定 180℃，但是要在底部多墊一個烤盤，避免下火過高。

　　當然，這只是個大致的方向，實際的情況會因為配方、烤溫、麵糊而有影響，所以還是要依照家裡烤箱的脾氣去做判斷，可能蓋一張烘焙紙不夠，要蓋兩張，或是調整蓋上紙的時間點等等。也就說，單一爐溫烤箱一樣能烘焙甜點，只是需要你培養更多的實戰經驗。

雖然蓋烘焙紙、墊烤盤可以一定程度地控制溫度，
但能用可分開控溫上下火的烤箱，還是比較方便。

魔鬼細節 ❺

同樣的食譜這次卻做失敗？

有段時間，貝克街在烘烤蛋糕時經常出現烤不熟的情形。但是我們一一確認過，配方沒問題，技術也沒有變差，麵糊完成質地很正常，烤箱預熱也很充足，烘烤溫度、時間的設定都沒有出錯。問題到底是出在哪呢？

　　左思右想後，才發現原來是當時剛好遷廠，貝克街搬到比較大的製作空間，換了環境後，烤箱擺放的位置不一樣，烤箱脾氣就不一樣，所以要重新調整烘烤時間。由此可知，找出問題在哪，真的很重要！

　　在找出問題前，一定要先確認這次操作和之前做的流程步驟，是否都一模一樣。要確認的東西有：①配方、②做法、③器具、④分量、⑤操作的人。人的記憶很不可靠，常常以為自己的做法都跟之前一模一樣，但實際上有某些地方被做了更動，卻沒有意識，或者是忘記了。

　　曾經有學生問我，為什麼之前做某款食譜都沒問題，這次卻失敗了？當時我們信件來來回回好幾天，抽絲剝繭後，才發現其實她有更動分量卻沒有意識到。不只是大幅更改分量會有影響，分量突然變小也會影響熬煮的耗損量、製作時機器比較不好打等等的問題。也有同學以為只是換個不同的模具應該不會有影響，結果就出事。例如：磅蛋糕的配方，麵糊厚實，想要順利烤透，通常會用長條形的蛋糕模，這樣麵糊中心點距離高溫比較近，比較容易烤熟。

長條模具，熱導到
中心速度比較快。

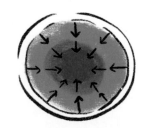
圓形模具，中心點距離較遠，
熱要導到中心點會更久。

偏偏這同學自己換成溫度很難透到麵糊中心點的圓形烤模，結果烤不熟導致失敗，但他們卻百思不得其解，找不到問題在哪裡。

操作的人在技術上的差異也經常是問題來源，例如攪拌技巧不佳、缺乏判斷食材是否有好好結合的能力等。這些是最優先要檢查，也是最明顯最常見出狀況的地方。

而下面要提的四個重點，則是一些平常不容易注意到的細節，但這些細節又是影響成品成敗的關鍵！

►◄ ①環境的溫濕度變化

環境溫度、濕度是影響成敗的主因之一，但平常卻不容易發現。例如冬天時，天氣冷，環境溫度一低，就會影響食材及烤溫。像是某些含有巧克力的麵糊，如果製作環境的溫度很低的話，麵糊就容易凝固、變黏稠，不容易跟其他材料混合，麵粉也會容易有結塊。

另外，環境溫度低的時候，開啟烤箱時，冷風灌入烤箱，烤箱內的蛋糕等於是被瞬間降溫，這時候烘烤蛋糕的時間就要再拉長一點。這也是貝克街曾實際經歷的慘痛經驗，也因此我們在夏天跟冬天，會有不同的烘烤時間！

至於環境溫度升高的話，做餅乾或塔類甜點的時候，奶油很容易融化，塔皮麵團會變得特別黏手，不好操作，成品口感也會變差。

還有一個案例，是烤箱溫度改變了。連專業烤箱都會有鬧脾氣、火力不穩定的時候，更何況是家用烤箱。除了火力不均之外，溫度起伏大也是常有的事，我們就常遇到烤箱大人今天很穩定，隔天又變得很火爆的情況。包含烤箱放置的位置（會影響到散熱），氣候變化導致烤箱溫度變化，或者有時候單純是烤箱在發瘋。建議每次烘烤，都要用烤箱溫度計檢測烤箱內部的實際溫度。

濕度也很重要，假設你備好一鍋已經過篩好了的麵粉，結果一旁的爐上卻在煮水，環境溫度濕度一變高，即使已經篩好的麵粉也會受潮結塊。

製作環境也是甜點能否成功的關鍵之一，要盡量減少各種不可控因素。

►◄ ②食材狀態有問題

比較常見的是食材過期而導致變質，或者是過了最佳賞味期限，風味和味道都減弱或消失。例如：茶葉或香草莢之類的原料，開封之後沒有妥善保存的話，香氣就會流失；或是泡打粉或小蘇打粉，一旦過期就會失去發泡的作用，沒辦法讓蛋糕好好膨脹。

以上都是相對常見的原因，另外還有些不容易被察覺的狀況。這也是貝克街的實際經驗——就像前面所提，我們曾遇到打蛋白霜時特別容易打發，但是蛋白狀態卻水水的情況。詢問蛋商才知道，原來是夏天天氣熱，母雞會喝很多水，蛋白就變得稀稀水水，比較稀的蛋白容易被打發，但是蛋白霜的結構也相對沒那麼穩固。

貝克街私廚甜點課

►◄ ③器具毀損

　　像是均質機這類器具，如果刀頭曾被摔到撞擊過，使用時就很容易把氣泡捲進醬汁裡，影響成品口感，但這件事單看機器外觀是看不出問題的。不過會打出很多氣泡的均質機，機器在運作的時候，應該就會聽見很明顯的氣泡聲。

　　有些模具是消耗品，內部的塗層用久了會脫落，失去不沾的效果，如果沒注意就容易導致脫模失敗。而溫度計失準也會讓你判斷失誤，這都是常見的器具問題。

　　除了均質機跟烤模以外，其實還有很多器具會各自發生的狀況，遇到同樣的操作但結果卻和之前不一樣時，就該去思考是不是哪些器具有問題？

►◄ ④食譜未註明的細節

　　很多食譜只會寫大致步驟，而不會將細節一一列上，因為對專業的甜點師傅而言，大多數的動作都是基本常識，所以食譜不一定會特別叮嚀。

　　這些常見的細節包括，預熱烤箱的時間及溫度、進爐時的麵糊溫度、麵糊做完沒有馬上烘烤的話會消泡、進爐前如何讓麵糊質地均等等，要預防這種問題，除了看貝克街的食譜外（因為很詳細），也可以多充實自己的烘焙基礎知識，比較能解決這類問題。

　　其實製作甜點會失敗，很多時候不是技術有多難，而是沒注意到那些細節而已，偏偏魔鬼就藏在這。只要瞭解可以從哪些面向去步步分析，就能有系統的找出問題，更不容易失敗！

蛋糕麵糊進烤箱前要敲嗎？

有在烘焙或製作蛋糕經驗的人，應該很常看到一個動作——將蛋糕放進烤箱前，會把麵糊連同烤模一起在桌上敲一敲，才送去烘烤。常見的說法，是認為這樣可以使蛋糕麵糊平整，並把麵糊中多餘氣泡敲掉。

　　因為蛋糕麵糊完成後表面會有氣泡，所以有人認為透過敲擊的動作，可以讓氣泡消失，甚至讓蛋糕的組織變細緻。但這說法其實不太正確。因為「表面的氣泡」確實是不見了，但麵糊內部的氣泡，原本是均勻細緻地分布，經過這麼一敲，反而會讓小氣泡互相結合，變成大氣泡，還會讓麵糊消泡！所以，敲的動作對消除氣泡並沒有幫助。而且麵糊表面的氣泡只要進爐烘烤，碰到高溫就會消失。如果你的蛋糕在烘烤後，表面有大氣泡出現，那絕對跟麵糊表面的氣泡無關，而是麵糊內部攪拌不均勻，或是消泡造成的大氣泡所引起。

過度敲擊反而會讓麵糊裡的氣泡變大，所以不是用力猛敲就好。

　　雖然「敲」對消除氣泡沒有幫助，但確實可以讓麵糊變平整。那該怎麼判斷自己的蛋糕能不能敲？答案是：看麵糊的質地。

　　敲擊麵糊的缺點，是會讓麵糊裡的小氣泡變成大氣泡，造成麵糊消泡。遇到需要大量打發蛋白霜、大量用到打發全蛋糊的食譜（例如戚風蛋糕），麵糊質地通常都比較輕盈就不適合敲擊，因為敲過頭反而會讓麵糊消泡。而比較沉

重、紮實的麵糊，例如磅蛋糕、重奶油巧克力蛋糕等，就不怕敲擊，因為氣泡沒那麼容易被震破，敲擊反而能讓麵糊變得平整。未來看到輕盈質地的食譜，卻要你在烘烤前敲擊麵糊，最好多確認一下，是否真的有必要這麼做！

有個做法可以讓質地輕盈的麵糊變平整，那就是用筷子。先來暸解麵糊入模後的狀態：

1. 麵糊倒入模具後，會有高低不平的問題。

2. 質地輕盈的麵糊，在製作過程中容易產生沉澱，倒入烤模後，沉澱部分反而浮在最上方。

這時候用筷子攪拌，可使麵糊質地均勻、表面平整且不會消泡──取一根筷子放入麵糊大約 1/2 ～ 2/3 深，小幅度地劃圈快速攪拌，繞一圈即可，小心攪過頭反而會消泡。這樣就能達到麵糊平整、質地均勻、不消泡的目的。

不同的食譜，需要不同的整平手法，例如蛋糕捲，烘烤整盤的蛋糕時需要用「抹平」的方式；有些食譜會要求用「輕輕搖晃」來讓麵糊平整，如果食譜有特別要求，建議就依食譜的方式來處理。

筷子不要插到底，大約1/2～2/3深即可。

蛋糕出爐後該不該敲呢？

我們在前一個魔鬼細節提到，蛋糕烘烤前要不要敲，這篇次要講的是蛋糕出爐後要不要敲。先講答案：大部分都需要。因為蛋糕本身含有很多水分。沒有敲擊，水分會堆積蛋糕表面，變得濕濕爛爛，甚至造成蛋糕體凹陷。那這些水分是從哪裡來的？①雞蛋的蛋白有 90% 都是水分；②鮮奶也是水分；③一般奶油也含有約 16 ～ 18% 的水分。

還有很多食材都含有水分，而這些水分在烘烤時並不會被完全烤乾。如果出爐後沒有敲擊，就會發生以下問題：

1. 蛋糕出爐後，蛋糕裡面依然含有水分。就會往上跑。
2. 水分受熱變成水蒸氣往上跑，被蛋糕的表皮擋住，堆在表面，蛋糕頂端吸水變重且濕爛。
3. 剛出爐的蛋糕，因為組織尚未冷卻穩固，就會被自身頂端重量壓垮。

這時的解決方法，就是敲。藉由震動，蛋糕裡面的多餘水氣就會排出去，不會堆積一堆水分在裡頭。

這不只是為了外觀而已，就算是口感紮實的磅蛋糕，出爐後一樣要敲。請注意，磅蛋糕的組織夠穩固，雖然外觀不至於被水分壓垮，但卻會讓蛋糕變濕濕爛爛的，不僅影響口感，也會讓「保存期限變短」，因為細菌需要水分，蛋糕中水分越多，保存期限就越短。所以出爐後一定要記得敲擊！

►◄「敲」的重點

在蛋糕結構還不穩定的情況下亂敲，氣是排出去了，但蛋糕也被敲壞了。所以分享兩個敲擊的小訣竅。

1. 依照蛋糕種類 & 大小決定力道

一般來說，磅蛋糕甚至可以不用敲，只要趕快脫模，避免濕氣堆積在蛋糕裡。可是像戚風蛋糕這種質地膨鬆的蛋糕，烤出來後組織特別脆弱，就連放涼，都得倒扣免得被自己重量壓垮的蛋糕就需要放輕力道。

但是每個人對於稍微輕一點的力道認知不同，就像我曾經去一間盲人按摩店，我跟師傅說：「輕輕按就好。」師傅回答我：「好。」然後，一按下去我痛到內心萬馬奔騰……既然每個人認知都不同，那又該如何確定敲擊的力道呢？那就是下面第二個重點。

2. 自由落體最安全

敲蛋糕有個適合新手的小技巧，叫做「自由落體」，就是利用蛋糕和模具本身的重量，不用額外多施加力道。因為組織比較脆弱的蛋糕，通常重量也會比較輕，使用自由落體的方式，力道就不容易過大。除非你是經驗豐富的師傅，很清楚這蛋糕需要多少力道，就可以抓著模具直接敲。不然，以自由落體的方式輕敲，安全性比較高！建議一般大小的蛋糕，可以從 10 ～ 15cm 的高度落下，另一個是參考你使用的模具高度。模具越高，代表蛋糕尺寸越大顆，越需要強一點的撞擊力道，才能讓裡面的熱氣散出去。

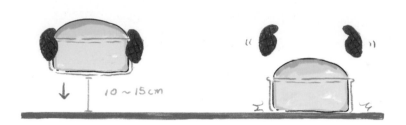

這些高度只是參考數字，不需要真的用尺測量，大概就可以了。

　　另外要注意的是：蛋糕出爐後，請你「馬上」敲擊蛋糕！所謂的馬上，是指5秒內，不要拖延時間。一旦拖延到時間，蛋糕一樣容易被堆積的水氣弄濕。

　　最後一個問題，有出爐後不可以敲的蛋糕嗎？答案是有的，例如有些水蒸乳酪蛋糕的配方，非常非常脆弱，在冷卻凝固前隨便一點撞擊都可能讓蛋糕碎裂，這種蛋糕就不可以敲擊。依照蛋糕的特性來確認該怎麼處理出爐的蛋糕，在甜點路上會輕鬆很多！

魔鬼細節 8

如何切出漂亮的蛋糕切片？

記得有一次幫朋友慶生，幫忙切蛋糕的人技術稍微不佳，整個蛋糕被切得東倒西歪，看起來髒兮兮，讓人食慾都沒了。

　　蛋糕真的不是從烤箱裡拿出來就結束，無論是享用前的分切，還是為了夾餡而把蛋糕切片，其實都需要用正確的刀、正確的方法！現在，就要講講如何把蛋糕切好看。但是在切之前，必須先瞭解蛋糕的質地通常分成三種：

① 穩固／好切（磅蛋糕、布朗尼）
② 柔軟／有彈性（戚風蛋糕、海綿蛋糕）
③ 會融化／容易弄髒（冷凍慕斯蛋糕、鮮奶油蛋糕）

　　磅蛋糕、布朗尼等質地穩固的蛋糕，使用普通的西點刀或是家裡隨便一種刀，只要當下沒有手滑，都能切得漂亮好看。但是像戚風、海綿蛋糕這種「比較柔軟、有彈性的蛋糕」，切的時候會容易歪刀。這種時候不是刀子利就好，而是要用「正確的刀子」、「正確的切法」。

　　「正確的刀子」指的是蛋糕刀（又稱西點刀、麵包刀），刀刃為鋸齒狀，從外型看就能知道是設計來「鋸蛋糕」用。想像一下，如果切的時候，刀刃直接往下壓，就會擠壓到蛋糕體，裡頭的內餡會整個從側邊被擠出來，這時應該要用「鋸」的方式，才能把蛋糕切開。

　　平刃刀（沒有鋸齒的刀）沒辦法這樣鋸，因為它會帶動蛋糕跟著刀子一起滑動，所以才必須用帶有鋸齒的蛋糕刀。要注意的是，西點刀通常是「長鋸齒刀」。另外有一種「細鋸齒刀」是設計給容易掉碎屑的蛋糕或是比較小的蛋糕用的。

　　有些蛋糕在你切的時候，會覺得像在鋸樹，碎屑掉得整桌都是，很像小時

候作業同個字一直寫錯，橡皮擦只好一直擦，最後滿桌子都是碎屑的感覺。或是有些蛋糕很小顆，但蛋糕刀鋸齒間距太大，就不太好切，因為鋸齒間距越大，鋸動的幅度就要越大。這種「細鋸齒刀」就適合拿來切容易掉屑，以及體積較小的蛋糕。

還有一個常見的問題：切蛋糕時，想要橫切，但很容易切歪掉。這時就可以用慕斯框輔助，把蛋糕放在慕斯框裡，一手穩定蛋糕，一手把刀子抵在框上橫切鋸開，或是使用切蛋糕輔助器都可以。

最後小提醒，使用蛋糕刀時，鋸動的幅度千萬不能太大，蛋糕會容易受傷、歪掉！

LESSON 8 主廚親授魔鬼細節

中間有軟質餡料夾層的蛋糕，用平刃刀切，容
易擠壓變形，用鋸齒刀鋸，就能切得漂亮。

　　至於「會融化的蛋糕」，最具代表性的就是冷凍慕斯蛋糕、冰淇淋蛋糕。
這類蛋糕剛從冷凍庫拿出來時，通常都是硬邦邦的狀態，刀子下去像是在切石
頭；這時候硬切，反而容易切歪。「容易弄髒的蛋糕」：則是鮮奶油生日蛋糕、
表面淋有巧克力醬的蛋糕。

　　這兩種蛋糕使用平刃刀就可以切了，但訣竅是，切之前刀子要加熱！常見
的加熱方式，是直接用火燒一燒刀子再去切，但不是所有蛋糕都適合用直火加
熱的刀子切，因為有些蛋糕碰到高溫的刀子會過度融化，連帶影響口感。既然
不能直火加熱，那該怎麼做比較好呢？

　　方法很簡單：把刀子拿去泡熱水，用乾淨的布擦乾刀刃，再切蛋糕。這樣
既有熱刀的效果，溫度不會太高，還能讓溫度更均勻。再來就是，不管有沒有
熱刀，每切一次蛋糕就要把刀子擦乾淨，再繼續切。因為如果刀子表面沾滿碎
渣，沒清乾淨就繼續切，會污染蛋糕表面，也因為有殘渣卡在刀上，刀子會變
鈍，就容易讓蛋糕變形。

最後總結三個切蛋糕的訣竅：

1. 蛋糕要切好看，先判斷蛋糕的質地

2. 柔軟有彈性的蛋糕，要用蛋糕刀（鋸齒刀）
- 切的時候要用鋸的
- 容易掉碎屑、體積偏小的蛋糕，要用細鋸齒刀
- 使用輔助器，幫助蛋糕切得更平整

3. 因冷凍而質地很硬、容易弄髒的蛋糕，可以熱刀切
- 用泡熱水的方式熱刀比較安全
- 不管有沒有熱刀，每切一刀後，都要把刀子擦乾淨！

刀子先用熱水泡過再擦乾使用，也可幫助切出漂亮的蛋糕片。

國家圖書館出版品預行編目資料

貝克街私廚甜點課：首席主廚親授 548 張詳解步
驟 x110 則私房筆記，在家烤出精品蛋糕 / 貝克街
作 . -- 初版 . -- 臺北市：三采文化股份有限公司，
2023.04
　面；　公分 . -- (好日好食)
ISBN 978-626-358-036-7(精裝)

1.CST: 點心食譜

427.16　　　　　　　　　　112001438

suncolor
三采文化集團

好日好食 62

貝克街私廚甜點課：

首席主廚親授 548 張詳解步驟 x 110 則私房筆記，在家烤出精品蛋糕

作者｜貝克街
編輯四部 總編輯｜王曉雯　主編｜黃迺淳　文字編輯｜吳孟芳
美術主編｜藍秀婷　封面設計｜方曉君　版型設計｜魏子琪
行銷協理｜張育珊　行銷企劃主任｜陳穎姿
內頁編排｜魏子琪　校對｜周貝桂
書封內頁拍攝｜果得影像工作室

發行人｜ 張輝明　總編輯長｜曾雅青　發行所｜三采文化股份有限公司
地址｜ 台北市內湖區瑞光路 513 巷 33 號 8 樓
傳訊｜ TEL:8797-1234　FAX:8797-1688　網址｜ www.suncolor.com.tw
郵政劃撥｜ 帳號：14319060　戶名：三采文化股份有限公司
初版發行｜ 2023 年 4 月 28 日　定價｜ NT$1800
　　2 刷｜ 2023 年 4 月 30 日